獻給我的兄弟德瑞克，
這本書是給你的。

REAL SCIENCE EXPERIMENTS
40 EXCITING STEAM ACTIVITIES FOR KIDS

5大主題×
40種遊戲實驗
玩出科學腦

小學生
STEAM
科學實驗家

作者 潔絲・哈里斯 Jess Harris

譯者 穆允宜

審定 范哲瑋 Andy 老師

目錄

前言 科學就是創造知識的過程

歡迎你打開這本《小學生 STEAM 科學實驗家：5 大領域 X 40 種遊戲實驗，玩出科學腦》！

翻開這本書，你將一段展開探索和發現之旅，體會科學的有趣之處！

這本書有 40 個專為 8 到 12 歲的大孩子設計的實驗，這個年紀的你，已經可以開始嘗試「真實的科學活動」了。這些實驗涉及到不同的學科，**包括科學、科技、工程、藝術和數學**，這五個學科合稱為「STEAM」。本書提供了進階的 STEAM 實驗，非常適合有興趣在科學領域進一步學習的孩子。既然你拿起這本書，想必已經準備好接挑戰了吧！

首先，我們來介紹一下 **STEAM** 是什麼？

科學（Science）、科技（Technology）、工程（Engineering）和數學（Math）這四大領域，都是對研發創新非常重要的專業，所以我們原本以第一個英文字母組合成縮寫，將這四大領域統稱為「STEM」。雖然 STEM 教育受到很大的重視，但**創新的關鍵在於發揮創造力的過程**，為了強調創造力的重要性，以及真正的科學專案所需要的**設計思維**，我們又加入了藝術（Art），成為「STEAM」。

我這一輩子都對 STEAM 充滿熱情。小時候，我就曾經把自己觀察到的自然現象記錄在科學日誌裡面。而我念大學時的研究主題，是細菌鞭毛

在人體的免疫系統中有什麼樣的重要作用。

我在小學教過五年的五年級科學，又到高中教了五年的科學課程。此外，我還是美國國家委員會的認證教師……沒錯！我通過認證的科目就是科學！在我最喜歡的科學課程裡面，有幾個單元是結合藝術，像是用滴管來畫水彩畫等。我在自己的網誌 MrsHarrisTeaches.com 上面，也經常聊到科學。我還把女兒取名叫艾達，紀念 1800 年代的數學家奧古斯塔・艾達・勒芙蕾絲，因為她的許多貢獻，後人才得以發明電腦。STEAM 是我人生中不可或缺的一環，所以我想讓大家知道，STEAM 也和你們的生活息息相關！

STEAM 之所以重要，是因為它除了能幫助你的學業，也有機會改善我們的日常生活。這本書中的實驗和 STEAM 的每一個元素都有關係，因為了解 STEAM 的概念，會讓你的思考方式完全改變。**STEAM 的重點在於融合不同的學科**，如果能融會貫通，就能為這個世界面臨的難題找到解決對策，甚至有可能解決未來發生的問題！比方說，假設你在外面玩的時候，發現衣服上面黏了一些植物的刺球，仔細觀察之後發現，這些刺球上面有倒鉤，所以能夠牢牢黏在你的襯衫上。這時，你可能就會開始思考能不能運用類似這樣的構造，開發出讓東西黏合在一起的新方法。

這個故事真的發生過，根據美國國會圖書館的網站文章〈什麼是仿生學？〉中記載，這就是喬治・德・麥斯楚在 1941 年發明魔鬼氈的契機。所以，只要你開始留意不同學科之間的關聯，你看待事物的角度也會有所改變。這就是**真實的**科學。

進行本書中的實驗時，你就是科學家。你將會嘗試新的點子、創造不

可思議的成果，有時甚至可能以此為契機，帶來新發明！

　　科學就是創造知識的過程。小朋友們平常接觸到的科學方法，往往只是簡單的實驗說明和步驟，但真正的科學更為複雜。科學家為了探究問題，會用很多方法嘗試不同的研究。科學方法的步驟並不是一份清單，而是一個流程，就如下圖所示：

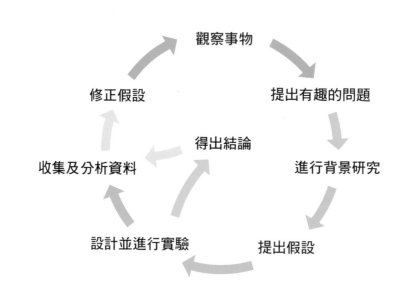

　　在進行真實的科學研究時，過程不見得都是按照這個科學方法圖表中的步驟循環，有可能會前進幾步、停頓、又後退幾步，這樣反覆好幾次。而這本書可以幫你了解如何自己進行科學研究。

　　這是一本互動性的書，從提出問題、建立及測試假設，到根據實驗結果得出結論，本書會引導你培養出科學家需要的基礎能力。這本書不只是說明基本的科學實驗操作方式，更帶領你體驗真實科學的研究過程。

書中的實驗都是關於你會在學校學習到的科學原理和概念，操作實驗能夠強化你對科學研究流程的觀念。每個實驗都附有科學用語撰寫的說明，裡面有一些重要的科學詞彙（粗體並以黃色螢光標註），也可以在書末的詞彙表中查到定義。

　　在做完實驗之後，你可以查看「科學原理解說」單元，裡面會針對這項實驗提供更多說明，可以讓你更深入了解相關的觀念。「進階挑戰」單元則可幫助你舉一反三，設計出你自己的科學實驗。

　　每一項實驗都有簡單易懂的步驟說明，讓你可以循序進行科學研究的流程。

　　年紀比較大的小朋友可以自己做完本書的實驗，不過和大人或其他小孩一起合作完成也很棒！

　　書中實驗需要用到的材料都很普通，你可能都已經有了，在家裡就能當個小小科學家。即使缺少某些材料，也可以向朋友借用，或是在生活周遭的商店就能買到。無論是哪一個實驗，都不需要用到顯微鏡之類的特殊科學儀器，所以你一定做得出來！

　　現在，就讓我們開始有趣的實驗活動吧！

祝你實驗愉快！

潔絲・哈里斯

第 1 章

如何使用本書

科學、科技、工程、藝術和數學合稱 STEAM，這個統合概念就是貫串本書的核心。後面的每一章都分別代表 STEAM 當中的一個領域：

第 2 章：科學

第 3 章：科技

第 4 章：工程

第 5 章：藝術

第 6 章：數學

每一章開頭會有一些實用的說明資訊，接著是以該章重點學科為主的實驗活動。本書的每個實驗都至少與一個 STEAM 科目相關，不過有些是**跨學科**的實驗，也就是結合兩個以上的科目。STEAM 這個概念本身就是跨學科，所以實驗也會牽涉到不同學科的統合應用。為了清楚說明實驗與各個科目的關聯，如果實驗與其他 STEAM 領域有關，會在實驗開頭說明相關學科。

事前準備

這本書中充滿了有趣好玩的實驗，而且涵蓋各種不同的主題。每個實驗的設計都是為了引發你的興趣，培養你的**好奇心**。STEAM 當中的每個領域，都是因為人類的好奇，並探索未知事物，才能夠有所發展。你可以看看這本書的目錄、翻翻內頁，找出最能夠吸引你的實驗。請記得，你不必從第一個實驗開始做起，也不用按照這些實驗的順序，**可以依照你自己喜歡的順序進行**這趟實驗之旅！

在這個旅程中，使用「科學筆記本」是很重要的一件事。很多知名的

科學家和發明家會將研究成果詳細的寫在筆記本裡，像是愛因斯坦、特斯拉及達文西。也不是只有科學研究才能做筆記，許多著名的藝術家、作家和總統，都有寫日記的習慣。在嘗試每一種實驗的過程中，你可以用科學筆記本將重要的想法快速記錄下來。即使在還沒完成實驗的時候，你也可以收集與書中科學實驗相關的研究資訊，整理在筆記本裡面！

遵循安全守則

做任何實驗時，最重要的一個步驟就是思考有哪些可能發生的危險，並且想好如何確保安全。請閱讀實驗的警告事項，並且遵守安全指示。有些實驗可能需要請大人幫忙、配戴護目鏡，或是要採取其他特殊的安全措施。在做科學實驗時，一定要遵循以下的基本安全守則：

1. 仔細依照指示操作。

2. 告訴大人你在做哪個實驗，即使實驗本身不需要大人幫忙，也要讓大人知道你在做什麼。

3. 遵守實驗說明上寫的每一個安全指示。

4. 穿戴適合的衣物和鞋子，以確保你的安全。長頭髮要綁起來，而且要穿包住腳趾的鞋子。

5. 如果你對實驗的任何步驟沒有把握，或是覺得可能不安全，一定要請大人幫忙。

找到想做的實驗之後，請詳讀完整的操作說明。要確認實驗的難度符合你的能力，而且你也有自信完成。此外，還要確定你有足夠的時間把實驗做完。很多實驗可以在一個小時之內完成，不過也有一些實驗要花比較

久的時間。請仔細檢查材料清單，把實驗中需要用到的東西都先準備好。

　　每個實驗說明中都有一個單元，叫做「設定假設」，這個單元可以讓你先對實驗內容有大略的概念，不過最重要的目的是讓你**建立假設**。就是針對某個問題先推測出能夠測試的暫定結果，再從實驗過程中獲得的資訊，這樣可以幫助你證明或推翻原本的想法。舉例來說，本書中有個實驗需要調查各種黏膠的黏性。在實驗之前，你提出的假設可能是「糖霜比棉花糖抹醬更容易在全麥餅乾上面塗抹均勻，所以黏性比較強。」做了實驗之後，你就會得到支持或改變這個假設的證據。

　　假設是根據現階段所知道的資訊建立，但你會學到新的知識。假設只是暫時性的，只要在實驗的過程中得到更多資訊，就可以修改假設。你不需要把一開始的假設擦掉，只要把它劃掉，在旁邊記下你為什麼認為這個假設不正確，再寫出新的假設就好。即使你提出的假設錯了，這個經驗的價值也不亞於正確的假設，因為**知道哪些事情不正確，就跟知道哪些事情正確一樣重要**。

進行實驗

　　接下來，就是做實驗的時間了！請依照逐步說明仔細操作。如果你在重新實驗的時候做了一些變動，記得也把改動的內容記錄在筆記本中。熟悉公制單位系統很重要，因為這是科學上使用的標準度量系統。當兩個度量值很接近但不完全相等時，會以約等於符號（≈）來表示。

　　即使實驗的進展不如預期，也要記得保持正面心態，因為失敗是成為科學家的重要過程。比起一切進行順利，從失敗的經驗當中，我們往往

可以學到更多東西，或許你會覺得挫折、難受，但這就是學習跟成長的過程。

當實驗完成時，記得馬上把你觀察到的事情寫下來，並根據「觀察重點」單元裡面的問題寫出答案。實驗證據有證實你的假設嗎？如果沒有，你會怎麼修改你的假設？這個實驗有什麼有趣或出乎意料的地方呢？你認為實驗出現這樣結果的原因是什麼？

本書中使用的科學術語很重要，你一定要知道這些用語。書中以粗體加黃底顯示的字詞，會列在書末的詞彙表中，並提供定義。

做每個實驗的時候，都一定要先閱讀「科學原理解說」。這個單元說明了與實驗相關的科學主題，讀過之後，你會對這個實驗更了解，也可以激勵你繼續研究相關的主題，學到更多東西。

要記得，你就是科學家！完成實驗後，你可以參考「進階挑戰」單元，尋找重新設計實驗的靈感。這個單元會提供可以延伸實驗的後續步驟，可能很簡單，也可能有很多延伸變化，這就是學習的魔力所在。為了練習運用科學家必備的能力，你要學會提出新的問題，並且完成自己設計的實驗。

重做實驗或進行類似的實驗，意思就和聆聽你喜歡的歌曲一樣，即使同一首歌你已經聽過一千遍，有時還是會發現一些原本沒注意到的地方，像是低音聲部或合唱裡面的和聲。當你重新探討同樣的科學主題時，即使主題沒變，但你的觀點和知識都已經成長進步了！

第 2 章

［本章介紹］

　　這一章的重點是探討科學中的重要觀念，從讓物體運動的物理原理到昆蟲生態，帶領你認識科學的各種面向。在這些實驗中，你可以控制瓢蟲、透過泡泡看世界、讓鈔票浮在空中……還有更多有趣的事情，都可以透過科學的神奇力量實現！

　　有些實驗其實是將兩種不同的實驗結合在一起，像是「拆解聲音」的裝置，其實可以當成樂器；「橡皮筋能量」的實驗則可以用來製造會自己動的機器人！至於其他的實驗，你可以發揮創意，想想還可以改造成什麼東西。

　　本章實驗需要用到的材料和工具，你可能都已經有了，不過有三樣東西需要另外購買。根據居住地區和當下季節不同，有可能很難找到「昆蟲催眠術」實驗需要用到的昆蟲。這個實驗最好使用當地原生的瓢蟲，你可以在網路上或昆蟲店詢問。在「混沌與雙擺」實驗中，你需要用到兩個指尖陀螺，可以在文具店或生活用品店購買。至於「拆解聲音」實驗，你可以選擇用塑膠管取代硬紙筒。你會需要一段長 2.2 公尺、直徑 2.5 公分的塑膠管，以及切割塑膠管的工具，這些東西可以在五金店便宜買到，有些五金店還會幫忙把塑膠管切割成你需要的長度！

　　在你對科學思考越來越熟悉之後，就要掌握一個重要的觀念：**變因**。

所謂的變因，就是會改變的因素。舉例來說，假設你在一個容器裡面裝滿水，然後把容器放在外面好幾天，裡面的水會慢慢蒸發，直到容器變成空的為止。這個例子當中的變因，包括了水溫、氣溫、容器裡面的水量，還有水的蒸發速率。變因可能是用數字表示的定量，也可能是顏色、形狀等性質。實驗的過程中，別忘了在科學筆記本上記錄所有可能的變因。

你可以將第 1 章的「事前準備」和「進行實驗」單元當成本書的使用指南。接下來，就讓我們開始動手做實驗吧！

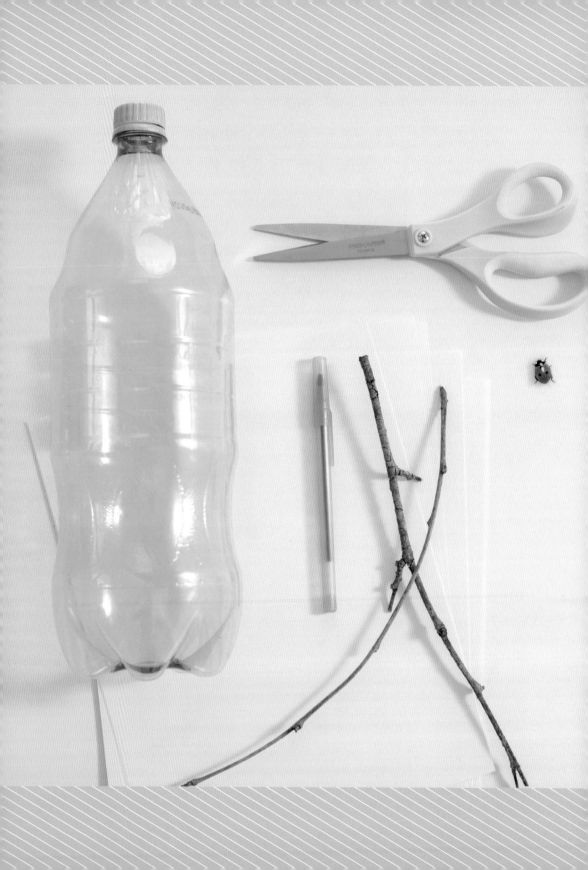

昆蟲催眠術

- **難度**：簡單
- **全程所需時間**：45 分鐘
- **相關領域**：工程

設定假設：

為什麼在紙上用原子筆畫一條線，就可以控制昆蟲的行動呢？想想看昆蟲會有什麼反應，提出你的假設吧！透過這個簡單的實驗，我們會學到什麼是**費洛蒙**、認識昆蟲的行為，也可以練習昆蟲學家經常用到的技巧。

> **！** 警告：請找大人陪你一起捕捉昆蟲及進行實驗，因為有些昆蟲會咬人，或是會引發過敏反應。對待活生生的昆蟲時，一定要小心。

材料：

- ➔ 2 公升的汽水瓶（清空洗淨）
- ➔ 剪刀
- ➔ 瓢蟲、螞蟻或白蟻
- ➔ 樹枝
- ➔ 紙
- ➔ 藍色墨水的原子筆

步驟：

1. 首先製作「昆蟲陷阱」：
   請從汽水瓶上面開始有弧度的地方，把汽水瓶切割成兩半。把切割下來的上半部倒過來裝進下半部，看起來會像漏斗一樣。

2. 請大人陪你一起到戶外找昆蟲。讓昆蟲爬到樹枝上面，然後用樹枝在昆蟲陷阱裡面輕輕敲擊，直到昆蟲掉進瓶子裡面為止。

3. 用藍色原子筆在紙上畫幾條線。剛畫出來、還有點溼潤的墨水效果最好。

4. 拿掉陷阱上面的漏斗，快速的把汽水瓶下半部翻過來蓋在紙上。稍等一陣子，待昆蟲平靜下來，就可以開始觀察牠的行為。

5. 觀察昆蟲。可以輕拍容器側邊，刺激昆蟲在紙上移動。

6. 完成實驗後，將昆蟲安全放回大自然中。

觀察重點：

- ➔ 昆蟲對你畫在紙上的線條有什麼反應？

科學原理解說

　　大部分昆蟲的聽力和視力都不太好，所以牠們是用其他感官來辨識方向。有些昆蟲是靠觸角上的**化學受器**，去偵測一種叫做費洛蒙的化學物質。昆蟲會根據不同用途，製造及使用不一樣的費洛蒙。費洛蒙可以幫昆蟲避開危險，或是找到回家的路。當昆蟲發現費洛蒙的痕跡，就會避開或跟著走，牠們是靠觸角去「聞出」費洛蒙的軌跡。而藍色原子筆的墨水中含有一種化學物質，與瓢蟲、螞蟻和白蟻製造的費洛蒙很類似。

進階挑戰！

　　如果把直線改成圓圈或之字形的線條，會發生什麼事？如果換成其他品牌和款式的筆，或是改用其他顏色的墨水，會怎麼樣？

靜電飛碟

- **難度**：簡單
- **全程所需時間**：10 分鐘
- **相關領域**：數學

設定假設：

　　為什麼**靜電力**可以讓物體飄起來？想想看為什麼氣球能讓塑膠環飄浮在空中，然後提出你的假設。接下來，我們要製作可以飄浮的塑膠環，從中認識什麼是靜電力。

> **！** 警告：請找大人陪你一起捕捉昆蟲及進行實驗，因為有些昆蟲會咬人，或是會引發過敏反應。對待活生生的昆蟲時，一定要小心。

材料：

- ➲ 剪刀
- ➲ 塑膠袋（輕薄的塑膠袋效果最好）
- ➲ 膠帶
- ➲ 氣球
- ➲ 羊毛材質的物品（例如毛毯、圍巾、毛衣或毛線球）
- ➲ 馬表

步驟：

1. 用塑膠袋剪出三條細細的帶子。
   A 帶：寬 2.5 公分、長 20 公分。
   B 帶：寬 2.5 公分、長 30 公分。
   C 帶：寬 12.5 公分、長 41 公分。

2. 用膠帶將三條細帶子分別黏成圓圈，變成三個塑膠環。

3. 將氣球吹飽氣，並綁緊開口。

4. 用羊毛材質的物品在氣球和其中一個塑膠環上面磨擦。
   如果你沒有任何羊毛材質的東西，可以把氣球和塑膠環放在你的頭髮上面磨擦。

5. 一手拿著 A 塑膠環，另一手拿氣球，然後慢慢把塑膠環放到氣球上方。當塑膠環飄起來時，試著把手放開。

   依照塑膠環的飄移方向跟著移動氣球，讓塑膠環不會掉下來。用馬表計時，看看你可以讓塑膠環在空中飄多久。

6. 拿出另外 B、C 兩個塑膠環，重複上面的步驟。

觀察重點：

➜ 這三個塑膠環可以飄浮多久？
  哪一個比較容易飄起來？

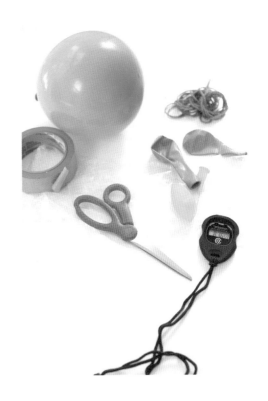

科學原理解說

　　用羊毛材質的物品摩擦
塑膠環和氣球，會減少羊毛
所含的電子，讓塑膠和氣球
得到額外的電子，也就是帶
有負電荷。同性的電荷會互
相排斥，又由於塑膠環的重
量非常輕，所以靜電力大於
塑膠環的重量，讓塑膠環可
以移動起來。

進階挑戰！

　　嘗試製作其他不同寬度和長度
的塑膠環，比較不同尺寸的塑膠環
在飄浮時間上有什麼差別？

　　你能不能讓發泡布等其他材質
的東西飄起來？觀察什麼材質最容
易飄浮、又能飄得最久？

實驗 03 透過泡泡看世界

- **難度**：簡單
- **全程所需時間**：15 分鐘
- **相關領域**：工程

設定假設：

　　光如何讓泡泡的表面呈現出不同的顏色？想想看，在泡泡薄膜上會看到哪些顏色，然後提出你的假設。接下來，我們要動手製作泡泡水和泡泡環，透過泡泡看世界！

> ！ 警告：不要讓泡泡水接觸到眼睛或嘴巴。

材料：

- ➲ 10 毫升玉米糖漿或 100 公克砂糖
- ➲ 1 公升溫水（蒸餾水效果最好）
- ➲ 14 公克泡打粉（發酵粉）
- ➲ 120 毫升洗碗精
- ➲ 大尺寸的淺型容器（例如有立體邊緣的烤盤）
- ➲ 1 公尺細繩（棉線或毛線）
- ➲ 兩根吸管

步驟：

1. 首先要製作泡泡水：

   將玉米糖漿，或糖，放入溫水中。再加入泡打粉和洗碗精，一邊輕輕攪拌。

   可以直接在大尺寸的淺型容器裡面製作泡泡水，之後再裝到杯子裡面。

   （▲泡泡水最好先放置一個小時以上再使用，做出來的泡泡效果最佳。）

2. 接著製作泡泡環：

   將細繩穿過兩根吸管，然後打結，變成一個圓圈。調整一下細繩，把打結處藏在其中一根吸管裡面。

3. 把一隻手用泡泡水沾溼，然後以這隻手拿起泡泡環上的其中一根吸管，再將整個泡泡環浸到泡泡水裡面。慢慢將泡泡環往上提，拉出水面，看看泡泡薄膜裡面是什麼樣子？

🔍 觀察重點：

➡ 你在泡泡薄膜上面看到哪些顏色？泡泡薄膜維持了多久才破掉？試著用另一隻手穿過泡泡薄膜，先以乾的手實驗，然後用手沾了泡泡水再試試看。你還可以用哪些東西穿過泡泡薄膜？

進階挑戰！

如果在泡泡水裡面加入食用色素，你看到的顏色會有什麼不同？試著用更長的細繩製作泡泡環，你能做出多大的泡泡薄膜？

你還可以用其他材料自創泡泡水的配方，例如玉米粉、甘油和不同品牌的洗碗精。不妨試著設計另一個實驗，找出哪種配方做出來的泡泡最持久！

✏️ 科學原理解說

色光三原色和色料三原色不同。混合顏料時，如果把藍色、紅色和黃色這三個基本顏色混在一起，屬於減色混合，結果會變成黑色。如果是將紅色、綠色和藍色這三種基本色光混合在一起，則屬於加色混合，結果會變成白色。肥皂泡泡薄膜上會出現不同頻譜的色光，是因為光線經過折射、反射和干涉。光波就像海浪一樣，有高（波峰）也有低（波谷）。當一束光波的波峰遇到另一束光波的波谷，就會產生破壞性干涉，進而互相抵銷。隨著泡泡薄膜的厚度改變，其中一個原色可能會產生破壞性干涉而被抵銷掉，因此你只會看到其餘的兩個原色。舉例來說，如果綠色光波發生破壞性干涉，你就會看到另外兩個原色混合產生的顏色（紅色＋藍色＝紫色）。當你在泡泡薄膜上看不出任何顏色時，就代表薄膜已經變得很薄，快要破掉了！

混沌與雙擺

- **難度**：簡單
- **全程所需時間**：15 分鐘
- **相關領域**：數學

設定假設：

　　「雙擺」是將一根單擺連接在另一個單擺的尾部所構成的系統。你能預測雙擺會如何運動嗎？想想看，在不同位置放開的雙擺會如何作動，然後提出你的假設。接下來，我們要製作雙擺，了解什麼是**混沌理論**。

> ！　警告：使用熱熔膠槍時，請找大人幫忙。

材料：

- ➔ 熱熔膠槍和熱熔膠條
- ➔ 兩個指尖陀螺
- ➔ 三根木製的大號冰棒棍，尺寸約為 15 公分乘以 1.9 公分
- ➔ 封箱膠帶

步驟：

1. 拿出一個指尖陀螺，在中央的圓盤擠上豌豆大小的熱熔膠，然後快速將一根冰棒棍的末端平貼在熱熔膠上。按住冰棒棍的黏著點，直到熱熔膠冷卻為止。

2. 把指尖陀螺翻到另一面，在其中一個葉片擠上豌豆大小的熱熔膠，然後拿出第二根冰棒棍，將末端快速平貼到熱熔膠上。
   （▲在製作雙擺的過程中，每次步驟都要往上疊放，這樣擺錘才能自由擺動，不會卡住。）

3. 在第二個指尖陀螺的中央圓盤擠上豌豆大小的熱熔膠，然後快速將步驟 2 第二根冰棒棍還沒黏住的另一端放上去壓住。

4. 把第二個指尖陀螺翻面，在其中一個葉片擠上豌豆大小的熱熔膠，然後拿出第三根冰棒棍，將末端快速平貼到熱熔膠上。

5. 將第一根冰棒棍用膠帶牢牢黏在桌子邊緣，讓雙擺懸掛在桌邊。

6. 將底下的兩根冰棒棍往上拉，跟上面的冰棒棍呈現 90 度（與地面平行），然後鬆開手，觀察擺錘如何運動。擺錘可能會擺動，也可能會翻轉一圈。請重複實驗幾次，並記錄擺錘運動的情況。你可以使用一套代號，方便把這些動作正確記錄在科學筆記本上，像是用「LR」代表擺錘往右繞圈，「LL」代表往左繞圈，「R」代表擺錘往右擺動，「L」代表往左擺動。

 觀察重點：

➡ 根據你的觀察，擺錘的運動有哪些模式？如果你在不同的位置放開底下的兩根冰棒棍，擺錘的運動會有什麼變化？

 科學原理解說

　　這個實驗中製作的擺錘屬於複擺，是以**動力學**製造混沌運動最簡單的一種做法。雙擺剛開始運動時的微小差異，會在運動過程中逐漸放大；這種改變所帶來的混沌現象，顯示了**蝴蝶效應**的作用。蝴蝶效應是數學上關於混沌理論的一個例子，是指非常微小的差異在敏感的系統當中會導致截然不同的後果。

進階挑戰！

　　嘗試把指尖陀螺變成可以測量風速的風速儀吧！你可以用三張 5 公分乘以 10 公分的小紙片做出風帆，或是找三個塑膠彩蛋，以比較小的半邊蛋殼替代，然後將風帆用熱熔膠黏在指尖陀螺的每個葉片上即可。

協力破關的彈珠迷宮

- **難度**：困難
- **全程所需時間**：90 分鐘
- **相關領域**：工程、藝術

設定假設：

　　如何設計出可以合力破解的迷宮？想想看，破解迷宮所需的時間會如何變化，又是為什麼會發生變化，然後提出你的假設。你可以嘗試和夥伴合力破解迷宮，還能一邊進行重力實驗！

材料：

- ➔ 紙和鉛筆
- ➔ 大尺寸的淺型容器（例如有立體邊緣的烤盤，或是鞋盒的上蓋）
- ➔ 剪刀
- ➔ 紙膠帶
- ➔ 吸管或黏土
- ➔ 彈珠
- ➔ 12 枝還沒削過的鉛筆或木棒
- ➔ 8 個長尾夾
- ➔ 細繩

步驟：

1. 用紙和鉛筆畫出彈珠迷宮的設計圖，記得一定要有起點和終點。

2. 淺盤容器當作迷宮底座，使用材料在底座上蓋出迷宮。你可以把吸管剪成幾段，用紙膠帶黏貼上去；或是把黏土揉成你要的形狀後壓在底座上，組合出你的彈珠迷宮。

   （▲路徑寬度要能讓彈珠輕鬆通過，你可以在製作迷宮時用彈珠測試看看，並隨時調整。）

3. 拿出三枝鉛筆，用紙膠帶黏在一起，做成三腳塔。請再重複這個步驟三次，總共需要四座塔（這些塔是要用來引導彈珠通過迷宮的工具）。

4. 在每座三腳塔的頂端各裝一個長尾夾，夾子圓圈的部分朝上。紙膠帶固定，確保長尾夾不會移動或脫落。

5. 找出迷宮底座四個角的對角線，沿著對角線，在距離四個角落 5 公分的地方，各放一座三腳塔。再用紙膠帶把三腳塔固定好，增加穩定度。

6. 將細繩剪成四等份，每條長度約41 公分。在彈珠迷宮底座的四角各裝上一條線，然後將繩子穿過長尾夾的圓圈，再綁到對角線上的另一個長尾夾上，讓細繩從中段的地方垂下。

7. 找個夥伴一起測試你的彈珠迷宮。兩個人雙手各拿一條細繩，慢慢拉動繩子，讓底座往不同方向傾斜，引導彈珠通過迷宮。

觀察重點：

➡ 記錄破解迷宮所花的時間，然後把速度最快的三次時間加總後除以三，計算破解迷宮的平均時間。最快和最慢的一次各是受到什麼因素影響？

科學原理解說

用手摸摸脖子上面的後腦勺，這裡的頭骨內有著腦部的其中一個結構，叫做小腦，控制手眼協調。更深處還有另一個腦部結構，叫做**海馬迴**，是影響**空間導航**能力的重要部位。科學家透過研究老鼠在迷宮中的反應，了解這些大腦構造的功能。藉由比較不同的迷宮構造，可以探討如何運用數學演算法來製作及破解迷宮。

進階挑戰！

請不同的人來試試看這個迷宮，哪一組人破解的速度最快？如果允許兩個人在進行時講話，相較於不給雙方討論，所花的時間會有什麼差別？在一天當中的不同時段，平均破解時間會有差異嗎？你可以手腳並用來讓彈珠通過這個迷宮嗎？

製作3D鏡片

- **難度**：簡單
- **全程所需時間**：15 分鐘
- **相關領域**：科技、工程、藝術

設定假設：

立體（3D）影像是如何產生？想想看紅色和藍色的鏡片對於你看到的畫面會有什麼影響，然後提出你的假設。接下來，我們要製作3D 鏡片，做個視覺實驗！

> ! 警告：透過 3D 鏡片看東西看太久，會導致眼睛疲勞。

材料：

- 長條保鮮膜
- 紅色麥克筆
- 藍色麥克筆
- 剪刀
- 尺
- 薄紙板（約餅乾紙盒的厚度即可）
- 透明膠帶
- 紙
- 鉛筆
- 藍色螢光筆
- 粉紅色螢光筆

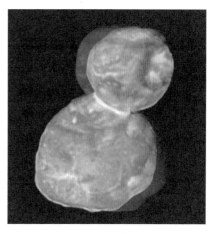

這張照片是古柏帶（海王星軌道以外的小行星帶）的一個天體，叫做「Arrokoth」，意思是天空。你可以透過 3D 鏡片看看它的立體樣貌。

步驟：

1. 將保鮮膜平鋪在桌面上。

2. 製作濾光片：

   用紅色麥克筆在保鮮膜上畫出一個長寬 5 公分的正方形，並塗滿紅色。再用藍色麥克筆畫出一樣的正方形，並塗滿。靜置一下，讓著色處風乾。

   Andy 老師的小建議：
   也可以直接使用藍色和紅色的玻璃紙喔！

3. 製作 3D 鏡片：在紙板上剪出兩個長方形，長寬為 10 公分乘以 25 公分。

4. 沿著長方形的其中一個短邊，裁出一個長寬 3 公分的正方形（看起來就像有人在紙板的短邊咬了一口）。

5. 把你剛才畫好的紅色和藍色濾光片剪下來。

6. 將濾色片蓋在紙板上 3x3 公分的正方形洞口上，並用膠帶固定，越平整越好，盡量避免皺褶。

7. 接著，用鉛筆在白紙上畫出簡單的圖畫，請選擇可以輕鬆畫出來的圖案，例如汽車或笑臉。
   接下來，在鉛筆線左邊幾公釐的地方，用藍色螢光筆畫上相同的藍色線條。再拿出粉紅色螢光筆，在鉛筆線右邊相同公釐處，畫上同樣的粉紅色線條。

8. 把藍色濾色片放在右眼，紅色濾色片放在左眼，看看你畫的粉紅與藍色 3D 圖。這種圖片就叫做**互補色立體圖**。

觀察重點：

➔ 如果只用左眼或右眼透過一種濾色片觀看，會看到什麼？

科學原理解說

　　這個實驗涉及兩個因素，首先是**濾色片只會顯示出對比色**。你可以自己試試看：用粉紅色畫一條水平線，再用藍色畫一條垂直線，然後用濾色片看看這兩條線，並且輪流閉起左右眼。右眼只會看到用粉紅色畫的線，左眼則只會看到用藍色畫的線。

　　第二個因素在於，你的**雙眼其實是同時看到兩個不同的東西**，因為兩隻眼睛的視角不同。你可以試試看以下動作：伸直手臂，把食指舉在眼前，然後閉上右眼，觀察你的食指位於周遭景物當中的哪個位置。接著在不移動手指的情況下換成閉上左眼，你的食指看起來會是在另一個位置。

　　左右眼所見的食指位置之間有一段水平距離，這就是因為**視差**。

　　大腦會根據這個視差，計算眼前的物體距離你有多遠。像這樣畫好紅色和藍色的圖片，再戴上濾光片去觀看，因為兩眼所看到的圖片稍微不同，會讓大腦產生錯覺，讓你以為平面上的圖片是立體的。

進階挑戰！

　　在原本的鉛筆線條和粉紅色與藍色螢光筆線條之間，以不同的間距加上其他線條。哪一種間距會讓物體看起來變得比較近？哪一種會變得比較遠？

實驗 07

紙鈔飄浮術

- **難度**：簡單
- **全程所需時間**：15 分鐘
- **相關領域**：藝術、數學

設定假設：

「重心」是指物體的平衡點，而物體的形狀和重量分布對於重心皆會有不同的影響。

想想看，不同物體的重心會在哪個位置，然後提出你的假設。接下來，我們就來學習如何讓紙鈔保持平衡，彷彿飄浮在空中一樣！

> ！ 警告：不要拿易碎的東西來做平衡實驗。

材料：

- ➔ 用來平衡的東西（例如麥克筆、尺、鉛筆、黏上不同重量黏土的鉛筆等等）
- ➔ 百元紙鈔
- ➔ 五元硬幣

步驟：

1. 找出各種物體的重心，也就是你只用一隻手指頂住時，可以保持平衡的位置。

   （▲將你要平衡的物體橫放，用兩隻食指分別頂在物體兩端下方，然後輕輕的將兩隻食指慢慢往中間滑動，食指碰在一起的地方就是那個物體的重心。）

2. 將一張百元紙鈔沿著長邊對折。

3. 在第一個凹折處放入一枚五元硬幣，然後再沿著長邊對折一次。

4. 讓硬幣位於紙鈔的其中一端，但不要讓硬幣凸出來。

   將兩隻食指各放在紙鈔兩端的下面，慢慢將沒有硬幣那端的指頭從紙鈔下方移開。只要找到裝有硬幣那端的重心，紙鈔就可以保持平衡。

   因為重心的位置離中間很遠，紙鈔看起來就會像浮在空中。可能需要多試幾次才能成功，加油！

5. 你的指頭大概會在距離紙鈔邊緣大約 1 到 2 公分的地方，而不是直接頂在紙鈔的邊緣。若想保持紙鈔飄浮的假象，你可以偷偷將硬幣藏在手裡，再把紙鈔拿給別人試試看能不能讓它保持平衡。

➔ 重心位置和物體的重量分布有什麼關係？

科學原理解説

　　如果物體的結構對稱、重量平均，重心就會在物體的中心處。如果物體的形狀不規則，重心就會比較靠近重的那一頭。

　　「**重心**」和「**質心**」這兩個詞可以交替使用。在天文學上，兩個天體（例如地球和太陽）之間的質心稱為引力中心。引力中心是這些天體繞軌運行的中心點，就和質心一樣，引力中心的位置和質量最大的天體最接近。你可以研究相關資料，了解太空人是如何利用引力中心發現新的行星。

進階挑戰！

　　把物體從橫向擺放改成直立，再試著找出重心在哪裡。你可以嘗試用不規則形狀的物品來練習找重心，像是空的汽水瓶，還可以在汽水瓶中裝入不同量的水，看看對於找出重心會有什麼影響？

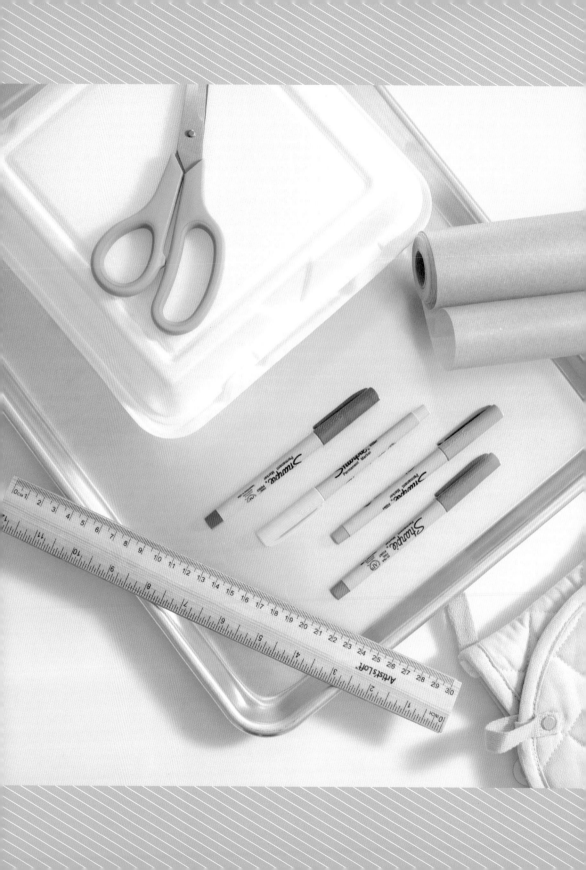

縮放塑膠片

- **難度**：簡單
- **全程所需時間**：30 分鐘
- **相關領域**：科技、藝術、數學

設定假設：

　　塑膠為什麼會縮起來？想想看，經過加熱再冷卻的塑膠能縮到多小，提出你的假設吧！接下來，就讓我們練習運用化學工程師的常用技巧，認識什麼是**熱塑性塑膠**。

> ！　警告：使用烤箱時，請找大人幫忙。處理高溫物品的時候，務必注意安全。

材料：

- 麥克筆
- 聚苯乙烯製品
  （**標示 6 號的塑膠製品**，例如外帶食物用的保麗龍容器或養樂多瓶等）
- 烤箱
- 尺
- 金屬烤盤
- 鋁箔紙或烘培紙
- 鍋鏟
- 隔熱手套

步驟：

1. 用麥克筆在塑膠製品上面畫出彩色的圖案，再分別剪下。
   有很多圖案可以達到不錯的效果，像是獨角獸，還有表情圖示等等，盡情發揮你的想像力吧！
2. 將烤箱預熱到約攝氏 163 度。
3. 測量每個塑膠片的長度和寬度，並記錄下來。
4. 用鋁箔紙或烘焙紙包住烤盤，然後將塑膠圖片放在烤盤上。
5. 將烤盤放入烤箱，烘烤 3 到 7 分鐘，在烤的過程中，塑膠片會先捲起來再變平。再請大人用隔熱手套幫你把烤盤拿出來。
   （▲剛把塑膠片從烤箱拿出來的時候，如果有需要的話，你可以用鍋鏟把塑膠片壓平。）
6. 測量每個塑膠片烤後的長度和寬度，並記錄下來。

觀察重點：

- 在烘烤前後，塑膠片的形狀跟大小有什麼差別？

科學原理解說

　　聚苯乙烯是日常生活中經常使用的一種塑膠製品，這種塑膠材料是以長鏈分子混雜在一起組成，稱為**聚合物**。在製造過程中，聚苯乙烯會被加熱，並且延展成薄片狀。為了維持薄片的形狀，加熱後的聚苯乙烯很快就會被冷卻，不過聚合物比較喜歡原本混雜在一起的形態。當你用烤箱加熱聚苯乙烯的時候，聚合物鏈就會縮成原本的形狀。聚苯乙烯是無法由生物分解的材質，因此很多國家禁止使用聚苯乙烯製的外帶容器。

進階挑戰！

　　可自動折疊的塑膠材質是近來很受關注的科學研究領域，你也可以試著用聚苯乙烯來做出會自動折疊的東西。

　　請用麥克筆在希望塑膠片彎折的區域外圍，畫出黑線，然後放到烤箱中加熱。因為塗了麥克筆的墨水，畫線處的塑膠受熱速度會和其他區域的塑膠不同。加熱的時候，可以打開烤箱內部的燈，觀察塑膠受熱後折起來的過程。

滾動賽車

- **難度**：中等
- **全程所需時間**：45 分鐘
- **相關領域**：工程、數學

設定假設：

轉動慣量是指轉動中的物體抗拒運動狀態改變的阻力。你覺得物體的質量分布會影響轉動速度嗎？想想看，彈珠與滾動賽車軸心之間的距離，對於滾動速度會有什麼影響？提出你的假設吧！

材料：

- ➔ 未削過的鉛筆或木棒
- ➔ 黏土（或萬用黏土）
- ➔ 2 張光碟片
- ➔ 8 顆彈珠
- ➔ 尺
- ➔ 一塊木板或紙板，尺寸約 30 公分乘以 120 公分
- ➔ 量角器
- ➔ 馬表

步驟：

1. 組裝賽車本體：
   鉛筆或木棒當作滾動賽車的輪軸，光碟片作為輪子。請用黏土把兩張光碟片裝到輪軸上。

2. 搓出八個大小相等的黏土球，大約跟彈珠一樣大。使用黏土將彈珠固定在輪子上。

3. 取四顆彈珠，在輪子上面 12 點鐘、3 點鐘、6 點鐘和 9 點鐘的位置各放一顆。以這些鐘面位置為準，用黏土將每顆彈珠都固定在輪子上靠近邊緣的地方。另一個輪子也如法炮製。

4. 測量彈珠與輪軸的距離，並記錄下來。每顆彈珠與輪軸的距離要一樣長。

5. 製作斜坡：
   以木板或紙板當斜坡，並拿出量角器測量，把斜坡的坡度調整為 15 到 30 度。

6. 把賽車放在斜坡頂端，然後讓它從坡道上滾下來。請將賽車從坡道頂端到底部的時間記錄下來。

7. 把步驟 3 到步驟 6 重複幾次，每次都將黏土的位置往輪軸移近一點。嘗試至少三種不同的彈珠和輪軸距離，看看有什麼差異。

觀察重點：

➋ 彈珠和賽車輪軸之間的距離，對
於滾動速度會有什麼影響？

科學原理解說

　　你可以自己感受一下轉
動慣量的影響：坐在有輪子
的辦公椅上面，把雙腳舉起
來、雙手大大張開，然後請
別人推一下椅子讓你旋轉起
來。在旋轉的過程中，試著
將手臂縮回身體旁邊，你就
會旋轉得更快。

　　動量是守恆的，縮回手
臂會減少轉動慣量，讓你的
速度變快，反之亦然！如果
你再次伸出雙臂，速度就會
慢下來。當你縮回手臂以及
伸出手臂時，會感受到轉動
慣量，因為這兩個動作都會
改變轉動的速度。

進階挑戰！

　　你可以試著增加彈珠的數量，
或是用不同的排列方式擺放彈珠。
嘗試看看，如何讓滾動賽車的速度
變快呢？你還可以製作兩部滾動賽
車，比賽誰跑得快！

二合一橡皮筋能量實驗

- **難度**：中等
- **全程所需時間**：兩個實驗各 20 分鐘
- **相關領域**：工程、藝術

設定假設：

　　如何用橡皮筋產生運動？想想看轉動橡皮筋的次數對於運動會有什麼影響，然後提出你的假設！接下來，我們要用類似的材料製作兩種不同的裝置，從中認識什麼是**位能**和**動能**。

　　請先完成步驟 1 到 4，之後你可以選擇要製作會跑的裝置還是會畫畫的裝置，也可以兩種都做喔！

材料：

- ➋ 牙籤或迴紋針
- ➋ 2 到 5 條橡皮筋（尺寸 16 號，壓平約長 5 公分，直徑 32 公釐）
- ➋ 2 個金屬墊片
- ➋ 紙膠帶
- ➋ 細麥克筆
- ➋ 晒衣夾
- ➋ 白紙
- ➋ 線軸

步驟：

1. 用牙籤或迴紋針推動橡皮筋穿過線軸的洞口，讓橡皮筋從線軸兩端露出來。

2. 拉著線軸其中一端的橡皮筋，穿過墊片的孔洞。

3. 把牙籤折斷，讓長度小於線軸的直徑。將橡皮筋套在牙籤上，然後將被牙籤套住的橡皮筋貼在線軸的末端固定好。

4. 在線軸的另一端，再次將橡皮筋拉過墊圈中間的孔洞。

製作賽跑裝置（選項 A）

A5. 將細麥克筆從墊片旁邊穿過橡皮筋。

A6. 一手拿著線軸，將麥克筆旋轉幾次，讓橡皮筋纏繞起來。

A7. 把線軸平放，讓麥克筆與表面平行，接著鬆手讓線軸自己移動。如果線軸移動得不順利，請試著增加或減少橡皮筋轉圈纏繞的次數。

製作畫圖裝置（選項 B）

B5. 請將晒衣夾從墊圈旁邊穿過橡皮筋。

B6. 用晒衣夾夾住麥克筆。拿出白紙，直立在桌面上。調整麥克筆的位置，讓筆尖在線軸運動時可以碰到紙張。

B7. 一手拿著線軸，將晒衣夾旋轉幾次，讓橡皮筋纏繞起來。

B8. 拿掉麥克筆的筆蓋，接著把線軸放在紙上，讓麥克筆的筆尖碰到紙張，然後放開線軸。

觀察重點：

➡ 旋轉麥克筆的次數對於運動的情況有什麼影響？比較這兩種裝置的運動，看看有什麼差別？

進階挑戰！

嘗試使用不同大小的線軸和不同類型的橡皮筋，再做一次實驗。你還可以試著改變設計，看看能不能讓裝置跑得更快或更直？

科學原理解說

位能是一種被儲存起來的能量。它存在於食物或電池中（化學能），也存在於高處（重力能）；而在這個實驗中，位能存在於彈性橡皮筋的伸展運動（力學能）也就是所謂的「彈性位能」：施力於彈性物質，使其產生與原本形狀不同的變化，因而儲存在彈性物質中的能量。

能量可以轉換成不同的形式。位能產生運動的時候，就變成動能。

實驗 11

拆解聲音

- **難度**：簡單
- **全程所需時間**：30 分鐘
- **相關領域**：科技、藝術

設定假設：

　　如何從混雜在一起的各種聲音當中區分出不同的頻率？想想看管子的長度和音調有什麼關係，然後提出你的假設！接下來，我們要製作一個可以偷聽聲音或吹奏音樂的裝置，用來了解音調和聲音頻率之間的關係。

音調較高 = 頻率較高

> ! 警告：音量太大可能會傷害聽力。此外，如果你要使用是塑膠管，請找大人幫你切割。

材料：

- ➡ 八個滾筒式紙巾的硬紙筒（或一個長 2.3 公尺、直徑 2.5 公分的塑膠管，及切割塑膠管的工具。）
- ➡ 尺
- ➡ 剪刀
- ➡ 紙膠帶
- ➡ 細繩

步驟：

1. 設計五種不同的長度，做出五根長短不一的管子。
   舉例來說，如果硬紙筒長約是 28 公分，可以把管子設計成：
   14 公分（半個紙筒）
   28 公分（一個紙筒）
   42 公分（一又二分之一個紙筒）
   56 公分（兩個紙筒）
   70 公分（二又二分之一個紙筒）

2. 測量長度，並視需要切割和黏貼，做出五根管子。

3. 將管子依照長短順序排列，並用紙膠帶和細繩綁在一起。

4. 用一條細繩穿過最長的管子，保留足夠的長度，讓細繩可以在這個裝置上方打結，當成提帶。再將多餘的細繩請剪掉。

5. 找一個有各種背景音的空間，例如很多人的講話聲、音樂聲以及電視節目的聲音，分別用每根管子聽聽看這些聲音。

觀察重點：

➡ 從不同管子聽到的聲音，聽起來有什麼差異？當你將管子完全貼在耳朵上時，聲音有什麼變化？

科學原理解說

在最長的管子裡面，空氣柱的長度較長，振動速度較慢，所以會產生頻率較低的聲波。由於頻率低，透過較長管子聽到的音調就比較低。最短的管子裡面，空氣柱最短，所以振動速度較快。由於頻率較高，用較短管子聽到的音調就會比較高。如果把這個裝置改成木琴，原理也是一樣。琴鍵較長，音調較低；琴鍵較短，音調較高。

進階挑戰！

你可以用同樣的材料做出敲擊樂器嗎？試試看，用鉛筆做的琴槌和用造型吸管做的琴槌，敲出來的音調有什麼不同？如果在鉛筆和造型吸管做的琴槌上多加一顆黏土球，敲出來的聲音會變得如何？還可以用哪些東西做敲琴或琴槌呢？

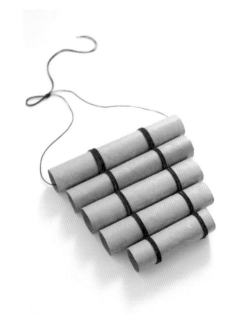

實驗 12 自製指尖陀螺

- **難度**：簡單
- **全程所需時間**：10 分鐘
- **相關領域**：工程

設定假設：

　　力對於圓周運動會有什麼影響？接下來，我們要動手製作會旋轉的裝置，從中了解什麼是**向心力**。想想看，黏土的數量對於裝置容不容易旋轉有什麼影響？提出你的假設吧！

> ❗ 警告：請大人幫你把細木棒裁切成需要的大小。

材料：

- ➡ 紙膠帶
- ➡ 兩根細木棒（長竹籤或還沒削過的鉛筆），一根長 16 公分，另一根長 8 公分
- ➡ 黏土

步驟：

1. 將兩根細木棒擺成十字形，用紙膠帶黏起來。兩根細木棒交叉時，十字的三邊與中心的距離要一樣長，大約為 4 公分；剩下的一邊會較長，大約為 12 公分。

2. 搓出一顆直徑約 2.5 公分的黏土球，黏在最長那段木棒的末端。

3. 將食指放在十字形木棒加上重量的那一邊內側，然後讓它旋轉。這個動作需要練習，請持續嘗試到成功為止。

4. 請增加或減少黏土，再測試看看黏土球的質量不同時，陀螺會產生什麼差異。

觀察重點：

- ➡ 你可以讓這個裝置旋轉多久？改變木棒的長度或木棒之間的角度，對運動的情形會有什麼影響？哪一種設計最容易旋轉？

科學原理解說

　　運動中的物體因為受到**慣性**作用，會呈現直線移動，直到有外力讓它加速、減速或改變方向。向心力是讓物體改變方向所需的一種力，在這個實驗中，物體移動的方向是繞圈。另一個例子：如果你用細繩綁住紙杯，然後在頭上甩動，細繩會帶有拉力，這股拉力就是向心力。如果繩子斷掉或是你放開繩子，向心力就會消失，紙杯會往**切線**方向飛離。

進階挑戰！

　　拿一個果凍杯，將彈珠放在杯裡的頂端，用細繩綁住果凍杯，以紙膠帶黏緊加固，然後把杯子甩起來，觀察彈珠的情況？

　　你還可以在室外做做實驗：用細繩綁在裝了水的塑膠杯上，然後試著在頭上甩動旋轉。

　　這兩個活動都和向心力有關！

第 3 章

神奇的
科技

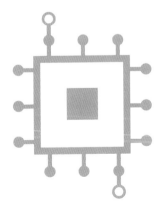

［ 本章介紹 ］

「科技」這個詞，有很多種不同的用法。**科技可以是指為了某個目的而製作的物品**，例如電話或原子筆的墨水；也可以是**指製作某個物品的方法**，像是如何製作太陽能電池或泡泡口香糖。科技還能用來指**執行某件事情的方法**，像是如何進行腦部手術。

在這一章中，我們要研究科技的產品和製程。你會進一步認識有關聲音的科學以及電磁輻射的類型，包括可見光、無線電波和紫外線（UV）。你也可以自己做出科技產品，包括顯微鏡、聽診器和馬達。

某些實驗需要的用品要向大人借用。在「聲波的神祕圖案」和「雷射聲光秀」這兩個實驗中，你會需要一個可以裝到碗裡的小型喇叭。這兩個實驗比較適合用無線喇叭，不過有線的喇叭也可以。在「阻隔手機訊號」實驗中，你需要用到一部手機，但若有兩部手機更好。借用這些材料一定要取得對方同意，而且務必要小心保管。

你會需要使用一些電子器材，可以在五金店或玩具模型店買到。例如在「單極馬達彩色炫風」實驗中，你至少會用到 12.7 公分的線材（直徑 1 公分到 1.3 公分的銅線或電線）、一個以上的釹磁鐵（大小約 12 公釐乘以 6 公釐），還有幾顆電池。此外，你還需要一枝或兩枝雷射筆（或是兩枝），可以到生活用品店購買，顏色最好是綠色或藍色。在「聲音的燈光

秀」實驗中，你會需要用到一個直徑約 2.5 公分的小鏡子，這些材料可以在生活用品店或手工藝用品店買到。

　　增進對科學的了解，可以促進科技發展。科學啟迪了許多科技發明，像是種植食物的新方法、可以讓生物分解的塑膠外帶杯，還有能夠治療癌症的奈米醫學。本章的重點就是帶領你了解科學和科技，這可是為了發掘下一個突破性創新科技所踏出的第一步喔！

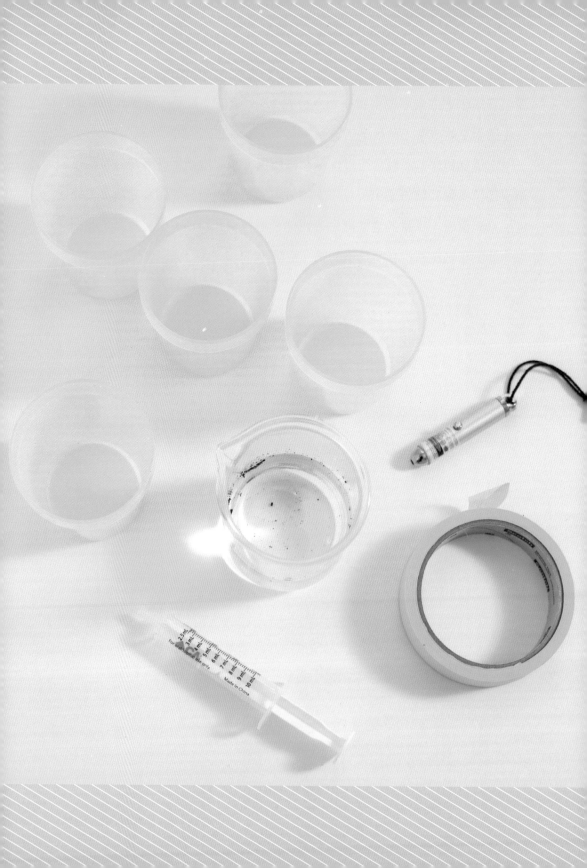

雷射筆顯微鏡

- **難度**：中等
- **全程所需時間**：30 分鐘
- **相關領域**：科學、工程

設定假設：

　　從水的樣本當中，你可以觀察到微生物的哪些現象？想想看在一滴水裡面可以看到什麼，然後提出你的假設。接下來，我們會做出一個顯微鏡，用來觀察水樣本當中的微生物。

> ❗ 警告：雷射光會導致眼睛受傷，絕對不可以用雷射筆照射別人的眼睛！要到戶外收集水的樣本時，請找大人陪同。

材料：

- ➔ 5 個塑膠杯
- ➔ 紙膠帶或透明膠帶
- ➔ 塑膠注射筒（口服餵藥器或烹飪用的調味注射器，須拆掉針頭）
- ➔ 從水灘、溪流或盆栽接水盤採集的水樣本
- ➔ 雷射筆（綠色或藍色）

步驟：

1. 找一個可以設置顯微鏡的地方，在靠近牆邊的地面或桌面，找出能設置顯微鏡的地方。

2. 製作兩座塑膠杯塔：
   將一個杯子的底部朝上，放在地面或桌面上。再把第二個杯子的底部放在第一個杯底上面，然後在杯底相接的地方貼上膠帶，讓兩個杯子固定在一起。再拿出兩個塑膠杯，重複以上動作，做出第二座塔。這兩座塔要用來固定塑膠注射筒。

3. 用注射筒吸取一些水的樣本。

4. 把兩座塑膠杯塔擺在一起，然後將注射筒活塞的頂部放在杯緣之間。可以用膠帶加強固定。

5. 拿出剩下的塑膠杯，將杯緣朝下放置，當成雷射筆的支架，將雷射筆橫放在杯底。
   （▲可以用膠帶黏緊開關按鈕，讓雷射筆保持亮著。）

6. 將注射筒的活塞慢慢往下壓，盡量在不讓水珠滴落的情況下擠出最大顆的水珠。

7. 調整雷射筆角度，將光束沿著注射筒的中心往下照射，讓雷射光直射到水珠上。

  接著，固定住雷射光束的位置，也可以用膠帶黏好。

8. 經過水珠的雷射光，會投影在牆面，請觀察水樣本中的微生物，看看牠們的外形和動作。

  （▲如果你的牆面不是白色，可以在雷射投影的區域貼上一張白紙，比較容易觀察。）

進階挑戰！

  嘗試調整雷射筆、水珠和牆面之間的距離，找出能讓影像最大、最清晰的比例。使用不同顏色的雷射光，比較看看哪種顏色產生的影像最清楚。

🔍 觀察重點：

➡ 把你看到的微生物外形和動作記錄在科學筆記本中。

科學原理解說

  掛在注射筒上的水珠，發揮了球面透鏡的作用。雷射光束經過反射，在牆面上產生放大的影像。水灘和池塘中有幾種常見的微生物，包括水蚤（學名 *Daphniidae*）、蚊子（學名 *Culicidae*）的幼蟲孑孒，還有各種**原生生物**，例如草履蟲和變形蟲。

神祕的聲波圖案

- **難度**：簡單
- **全程所需時間**：15 分鐘
- **相關領域**：科學、工程

設定假設：

音量和音調對鹽粒或糖粒的運動會有什麼影響？想想看鹽粒或糖粒會怎麼移動，原因又是什麼，然後提出你的假設！接下來，就讓我們透過這個**聲學工程**的有趣實驗，來認識聲波和頻率。

> ❗ 警告：播放音量過大，會損害你的聽力或喇叭。請用安全的音量播放，如果你對聲音很敏感，可以戴上耳塞。

材料：

- ➔ 可攜式無線喇叭
- ➔ 玻璃碗（要裝得下無線喇叭）
- ➔ 和無線喇叭配對的手機
- ➔ 保鮮膜
- ➔ 紙膠帶
- ➔ 鹽或糖

代替材料：

如果你沒有可攜式無線喇叭，可以稍微修改一下這個實驗。

替代無線喇叭需要用到的材料有：
- ➔ 可以播放音樂的喇叭
- ➔ 一個空紙盒（水果麥片空盒）
- ➔ 剪刀。

替代步驟（原步驟 1～4）

1. 拿出紙盒，沿著長邊將紙盒剪成對半，變成像「餅乾烤盤」一樣的淺盒。

2. 將淺紙盒放在喇叭上面，灑上鹽或糖。

3. 繼續進行原實驗中的步驟 5 和步驟 6。

步驟：

1. 將可攜式無線喇叭放在大玻璃碗裡，然後打開喇叭的開關，並與手機配對。

2. 將保鮮膜覆蓋在碗上面，記得要把保鮮膜拉緊，盡量平坦的蓋在碗上。

3. 用紙膠帶沿著碗的外緣直立貼一圈，不要把紙膠帶往下折。屏障可以避免鹽粒或糖粒掉到碗外。

4. 在蓋住碗的保鮮膜上，均勻的灑上少量的鹽或糖。

5. 用喇叭播放歌曲或聲音，先從低音量開始，再慢慢調高音量。

6. 如果需要的話，可以再多灑一些鹽或糖。

觀察重點：

→ 音量增大時，鹽或糖的運動會如何變化？不同的音調會讓鹽或糖形成的圖案出現什麼改變？

進階挑戰！

　利用免費的音源播放網站或手機應用程式，在喇叭上播放特定頻率的聲音。比較看看頻率低的聲音和頻率高的聲音，有什麼不同？

　你還可以把玻璃碗換成其他容器，像是塑膠碗或金屬鍋。觀察不同的容器材質和大小對於結果會有什麼影響？

科學原理解說

　聲音可以透過氣體、液體和固體傳播。聲音是粒子前後振動所產生的波，頻率就代表粒子前後振動的速度。聲波振動得越快，頻率越高，我們就會聽到比較高的音調。頻率的單位是赫茲，通常縮寫為「Hz」。

　在 1800 年代研究聲音的恩斯特・克拉尼，就是運用類似實驗。他將小提琴的琴弓靠在灑了沙子的金屬片上拉動摩擦。如果想進一步了解他的研究如今有哪些應用方式，可以查詢「克拉尼盤」，或是參閱「參考資料」章節，裡面有列出史密森尼博物館的克拉尼盤介紹文章。

雷射聲光秀

- **難度**：中等
- **全程所需時間**：30 分鐘
- **相關領域**：科學、工程

➜ 4 個晒衣夾
➜ 紙膠帶或透明膠帶
➜ 雷射筆

設定假設：

　　不同音量和音調，會如何影響鏡面上持續變化的振動？想想看，聲音讓鏡面產生的振動對於雷射光束的路徑變化會有什麼影響，然後提出你的假設。

　　接下來，我們要製作波形顯影裝置，認識**入射角**和**反射角**。

> ！　警告：絕對不可以用雷射筆的光束去照射別人的臉，也不可以直視雷射筆發出的光。拿鏡子的時候，要小心別割到自己。

材料：

➜ 「聲波圖案」實驗中用到的聲音裝置：碗、保鮮膜和喇叭
➜ 黏膠
➜ 小鏡子，直徑 4 公分以下。
　（如果要使用牙醫鏡，可以用鑷子把鏡片從柄上拆下來。）

步驟：

1. 使用「聲波圖案」實驗中用到的碗、保鮮膜和喇叭。

2. 把小鏡子黏在保鮮膜的表面，鏡面要朝上。

3. 製作雷射筆的支架：
   先將三個晒衣夾夾在鉛筆的尾端，做成三角底座；可以用膠帶加強固定。

4. 用膠帶黏緊雷射筆的按鈕，讓雷射筆保持亮著。接著將雷射筆黏在第四個晒衣夾上，然後夾到鉛筆的尖端。

5. 調整雷射筆，讓光束直射到鏡子。如果把碗側放，就可以將光束反射到牆面；如果碗是正放，光束就會反射在天花板。

6. 用喇叭播放歌曲或聲音，先從低音量開始，再慢慢調高音量。好好享受這場雷射燈光秀吧！

觀察重點：

➡ 音量或音調的變化，對於燈光秀有什麼影響？如果改變雷射光的角度，燈光秀
會有什麼變化？

科學原理解說

　　雷射筆光束進入鏡面的角度，稱為「入射角」，光束離開鏡面的角
度，則稱為「反射角」。喇叭聲音所產生的振動，會讓鏡面一起振動。
根據反射定律，入射角等於反射角，而每次振動都會讓雷射光束的入
射角稍有變動，所以反射角也會跟著變化。光線行進的速度很快，所
以持續的振動會讓雷射光不斷改變。

　　雖然這個實驗並不是真的把聲音變成光，但將聲音轉化成光是有
可能做到的事情，你可以查查看螳螂蝦（俗稱蝦蛄、瀨尿蝦）的「聲
致發光」現象，了解更多資訊！

進階挑戰！

　　你可以使用手機的縮時攝影功
能拍攝雷射光的變化，或是把雷射
筆換成其他類型的手電筒，比較看
看不同光束的效果。

水耕栽培系統

- **難度**：簡單
- **全程所需時間**：1 週
- **相關領域**：科學、數學

設定假設：

　　種子是怎麼成長的呢？水耕是一種不使用土壤來種植植物的方法，想想看，使用水耕法種植的植物可以生長得多快，然後提出你的假設。接下來，我們要製作一個水耕種植系統，自己種種看！

材料：

- 2 公升的汽水瓶
- 剪刀
- 水
- 15 到 20 公分的粗棉繩或合股線
- 生長介質：棉球或布料，例如乾淨的棉襪。
- 種子（四季豆、綠豆、番茄、萵苣、菠菜、芝麻菜、羅勒等植物都很適合）

步驟：

1. 從汽水瓶上面開始有弧度的地方，把汽水瓶切割成兩半。把切割下來的上半部倒過來裝進下半部，看起來會像漏斗一樣。

2. 在下半部的瓶子裡裝入大約 1/4 的水。

3. 用繩子穿過瓶口，垂放到瓶子底部。將另一端剩下的繩子纏繞在瓶身上半部的漏斗底部。

4. 將生長介質拉鬆開來，填滿上面的「漏斗」部分。

5. 在生長介質的中央放上 2 到 5 顆種子。

6. 用少量的水將生長介質弄溼。在水耕種植的過程中，繩子會持續為植物提供水分。

7. 將汽水瓶放在有陽光的地方，觀察種子的生長情況。一週之後，可以視需要在瓶內加水。

觀察重點：

➡ 每天檢查你種下的植物，將變化記錄在你的科學筆記本裡。

科學原理解說

你所製作的水耕栽培系統稱為**燈芯系統**，中間像燈芯一樣的繩子可以將營養液吸到生長介質中。不過，最常使用的水耕栽培系統是**滴灌系統**，裡面有計時器和幫浦，用來將營養液滴到生長介質上。

比起種在田裡的傳統方式，水耕法種出的作物可以長得更大、更快，而且占用的空間更少，不僅能用在室內，也可以在太空中種植植物，像國際太空站上就有水耕系統。農業工程師會根據適合生長的水量、養分和氧氣，設計出水耕種植系統，讓植物可以隨時獲得需要的生長資源。

進階挑戰！

在實驗中種植的植物可以靠吸收水分發芽，但只有水的話，沒有辦法繼續成長苗壯。你可以嘗試用魚缸的水或泡過的茶包，製作給植物的營養液。

請另外製作一個水耕栽培系統，比較看看哪種營養液效果最好吧！

簡易版紫外線燈

- **難度**：簡單
- **全程所需時間**：15 分鐘
- **相關領域**：科學

設定假設：

　　紫外線（UV）是人類肉眼看不到的一種電磁輻射，和可見光相比，它的波長較短、頻率較高。如果使用和紫外線類似的燈光照射，可以看到什麼呢？

　　想想看哪些東西在類似紫外線的燈光照射下會發光，原因又是什麼，然後提出你的假設。接下來，我們要製作一個紫外線燈，從中了解什麼是**螢光**。

材料：

- 手電筒
- 透明膠帶或保鮮膜
- 藍色麥克筆
- 紫色麥克筆
- 黃色螢光筆
- 紙

步驟：

1. 用透明膠帶或保鮮膜包住手電筒的鏡片，然後用藍色麥克筆在上面著色。

Andy 老師的小建議：
藍色玻璃紙也能達到同樣效果喔！

2. 加上一層透明膠帶或保鮮膜，這次改用紫色麥克筆著色。

3. 再加上第三層透明膠帶或保鮮膜，然後用藍色麥克筆在著色。

4. 在白紙上用黃色螢光筆畫畫，然後用手電筒照射。再找一個陰暗的地方，用手電筒照射看看，觀察你所看見的變化。

觀察重點：

➡ 把所有用手電筒照射時會發光的東西，都記錄到你的科學筆記本裡。會發光的東西和不會發光的東西之間有什麼不同？

科學原理解說

有些人類肉眼看不到的東西，在紫外線（UV）燈的照射下就會現形，這是因為螢光分子會吸收紫外線的短波，並立即反射回去。像唾液、血液和尿液等留下的生物跡證，在紫外線燈照射時都會發光。

在這個實驗中製作的燈，和黑色鎢絲燈泡發出的光線類似，這種藍光是可見光光譜的一部分，可以讓物品稍微發光，但並不是真正的紫外線光。

紫外線燈的科技不只能用來分析跡證，也可以用於判斷畫作和簽名是真跡還是贗品，還能照出肉眼看不見的指紋或墨漬。

進階挑戰！

把黃色螢光筆泡在少量溫水中幾個小時，製造出可以在紫外線光下發光的溶液，然後用這種發光溶液取代泡泡或果凍黏土材料中的水，製成發光的泡泡或果凍黏土。哪一種配方的發光效果最好呢？

超簡易聽診器

- **難度**：簡單
- **全程所需時間**：15 分鐘
- **相關領域**：科學、數學

設定假設：

　　想想看，要怎麼透過聽覺或視覺來觀察自己的心跳？靠聲音和視覺測量**心跳速率**，這兩種方法相較之下有什麼差別，然後提出你的假設。接下來，我們要製作聽診器，了解這個器材是怎麼發明出來的！

材料：

- 紙
- 迷你棉花糖
- 牙籤
- 馬表

步驟：

1. 紙筒法：

   將一張紙捲成筒狀，然後把紙筒的一端靠在大人或朋友的胸口，再把耳朵靠到另一端。看看會聽到什麼吧！

   （根據美國國家生物技術資訊中心的資料，荷內‧雷奈克博士看到兩個小孩互相傳送訊號的景象，因此得到發明聽診器的靈感，讓他思考起聲音傳播的方式。在 1816 年的某一天，雷奈克將一張紙捲成筒狀做成簡易聽筒，再放在病人的胸口聽診。）

2. 迷你棉花糖法：

   將牙籤插在一顆棉花糖上面，深度只要讓牙籤可以立著即可。將手臂放在桌面上，掌心朝上。
   觀察你的手腕，然後把棉花糖放在靜脈上面。每次心跳的時候，牙籤應該都會跟著跳動。

3. 拿出馬表，計算看看你一分鐘有幾下心跳。

觀察重點：

➡ 你一分鐘的心跳幾下？用紙筒法和棉花糖法計算到的心跳速率有什麼不同？有哪些原因可能產生錯誤，讓這兩種方法算出的心跳出現差異？

進階挑戰！

從事不同的活動，對於心跳速率會有什麼影響？請測量剛起床時和運動後的心跳速率。

科學原理解說

發明聽診器是運用設計思維的一個好例子。在聽診器發明之前，醫生必須把耳朵直接靠在病人的胸口，才能聽到病人的心跳。這樣的動作會侵犯病人的個人空間，讓病人感到不舒服，所以雷奈克博士希望能有不同的做法。設計思維是一種解決問題的過程，重點在於為人著想。

運用設計思維的第一步就是同理，意思是去思考並體會別人的感受。下一步是找出問題所在，盡量想出各種解決方式。最後從中選出最適合的想法，做出原型並進行測試。這個過程和科學方法非常像！想想看，要怎麼運用設計思維解決你日常生活中的問題？

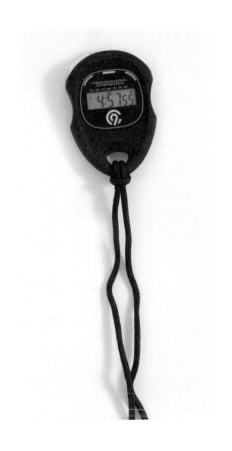

實驗 07

手機訊號阻隔器

- **難度**：中等
- **全程所需時間**：30 分鐘
- **相關領域**：科學、工程

設定假設：

如何讓別人接收不到手機或無線電的訊號？想想看阻隔無線電波需要用到多少鋁箔紙，然後提出你的假設。接下來，我們要製作**法拉第籠**，從中認識什麼是電磁波譜！

> ⚠ 警告：手機等電子裝置的價格都不便宜，要小心使用。

材料：

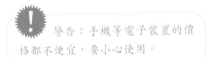

- ➔ 兩部手機或一組電池式的無線電對講機
- ➔ 鋁箔盤或鋁箔紙包住的紙盒（大小約 23 公分乘以 33 公分）
- ➔ 鋁箔紙
- ➔ 尺
- ➔ 剪刀
- ➔ 紙膠帶或透明膠帶

步驟：

1. 撥一通測試電話，確認手機可以正常使用，並將音量調大。

2. 將手機放在鋁箔盤裡，然後再打一次電話到這部手機，確認手機的鈴聲會響起。
   如果聽不見手機響鈴，可能是鋁箔盤太深了，請在手機下方放東西墊高，縮短手機和鋁箔盤頂部的距離，直到聽到鈴聲為止。

3. 用一張鋁箔紙蓋住鋁箔盤，把邊緣往下折。測試看看，在鋁箔盤被鋁箔紙蓋住的情況下，裡面的手機還會響鈴嗎？
   理論上應該不會，如果手機還是會響鈴，請確認鋁箔紙有將下面的鋁箔盤緊緊蓋住，然後再嘗試一次。

4. 拿掉上面蓋的鋁箔紙，將鋁箔紙剪成寬 13 公釐的長條狀，長度要比鋁箔盤的長邊更長一點。總共需要 15 到 20 條長條鋁箔紙。

5. 將長條鋁箔紙放在鋁箔盤上面，排列成網格狀。每次排列出新的網格，都撥打給裡面的手機，並

用不同的間距測試，看看在網洞多大的情況下，可以阻隔手機的訊號。

記得把手機放在你看得到螢幕上面訊號強度的位置。

觀察重點：

⮕ 網洞要多小才能阻隔訊號？如果不是將長條鋁箔紙排列成網格狀，而是全部擺成同一個方向，會發生什麼事？

科學原理解說

　　無線電波是一種非常重要的電磁輻射，可以傳遞電視、廣播、無線網路和手機的資訊。無線電波的波長比任何電磁輻射更長，波長範圍從 1 公釐到 10,000 公里不等。而法拉第籠是用導電材料製成，可以阻隔無線電頻率或電場和磁場（EMF），最常見的用途就是作為阻擋電磁脈衝（EMP）的防護措施，避免電磁脈衝損壞電子裝置。

　　你可以查詢電磁脈衝的相關資料，進一步了解它的天然成因和人為成因。

進階挑戰！

　　拿出各種東西試試看，還可以用哪些材料做出法拉第籠？

單極馬達彩色炫風

- **難度**：簡單
- **全程所需時間**：30 分鐘
- **相關領域**：科學、工程、藝術

設定假設：

　　不同的色彩組合在旋轉的時候會發生什麼變化？想想看顏色在旋轉的輪子上看起來會如何，然後提出你的假設。

　　接下來，我們要製作單極馬達，研究色彩與視覺的關係。

> **！** 警告：請找大人陪同你完成這個實驗。
>
> 　　要注意電路連接起來之後，電池會變燙。不要讓幼兒或動物玩弄磁鐵，也不要拿磁鐵靠近任何電子器材，例如平板電腦或電話。不使用磁鐵的時候，一定要存放在安全的地方。

材料：

- AA 電池（3 號電池）
- 釹稀土磁鐵（大小約 12 公釐乘以 6 公釐）
- 不鏽鋼製的木用螺絲
- 直徑 1 公分到 1.3 公分的銅線或電線，長度 13 公分
- 直徑約 8 公分的杯子或蓋子，當作圓形的樣板
- 影印紙
- 麥克筆（紅色、藍色、黃色及其他顏色）
- 剪刀
- 金屬墊圈

步驟：

1. 組裝單極馬達：

   首先，將磁鐵與螺絲平頭端吸附在一起，然後拿出 AA 電池，讓螺絲尖端接觸電池的正極（凸起處）。接著，讓電池負極（扁平端）朝上，與電線的一端接在一起，再用電線的另一端，接觸吸在螺絲上的磁鐵，螺絲和磁鐵就會開始旋轉。

2. 用圓形樣板和麥克筆在影印紙上畫出三個圓圈，然後再將圓圈剪下來。

3. 為三張圓紙畫上不同的色彩組合。請將第一張圓紙大致分成三等份，就像披薩一樣，然後分別塗上紅色、藍色和黃色。剩下的兩張圓紙，你可以自己決定要分成幾塊、每塊各要多大，還有要塗上什麼顏色。

4. 將一張畫好的圓紙放在與單極馬達的磁鐵上面，圓心在中間，著色面朝外。再拿出金屬墊圈放在彩色圓紙底下的中心處，讓磁鐵的磁性將彩色圓紙吸住。

5. 依照上述步驟，將單極馬達加上彩色圓紙和金屬墊圈重新裝好。然後拿著電線的一端，接觸吸在螺絲上的磁鐵。
   這一次螺絲、磁鐵和彩色圓紙會一起旋轉起來！

觀察重點：

→ 彩色圓紙在旋轉時會如何變化？

進階挑戰！

除了披薩形，你也可以畫成不同形狀的彩色圖案，看看結果會有什麼不同。你還可以試著用其他方式讓彩色圓紙旋轉，像是用鉛筆穿過圓心，把圓紙頂在上面轉動。你可以找出多少種方法呢？

科學原理解說

單極馬達是一種電動馬達，靠著電池提供的直流電產生旋轉運動。在這個實驗中，我們利用這樣的轉動來讓彩色圓紙旋轉。

光的三原色是紅色、藍色和綠色，當等量的三色光結合在一起時，就會變成白色的光。

眼睛裡面的視網膜含有三種感光細胞，形狀就像小圓錐體，分別可以感知紅色、綠色和藍色。人類的眼睛只能偵測到這三種顏色，而我們所看到的其他顏色，其實都是這三種顏色用不同比例組合出來的！這就是所謂的色光加色理論，不過跟油漆等顏料的混合原理不同，因為顏料的三原色是紅色、藍色和黃色。

你可以研究一下加色理論和減色理論，看看有哪些相似與相異之處！

第 4 章

Engineering

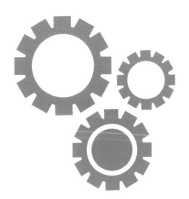

［ 本章介紹 ］

　　工程就是運用科學和數學方面的知識，來解決問題及達成目標。這些問題和目標對於改善人類在地球上的生活非常重要。

　　美國國家工程學院（簡稱 NAE）裡的各國專家曾共同列出一份清單，名稱是「21 世紀最大的挑戰」，其中包含許多能改變人類生活的重要目標，像是改良太陽能發電技術；目前全球大約只有百分之一的電力是來自太陽能，但是這個比例應該有提升的潛力。太陽在短短一小時內提供的能量，就超過全球人類一年的用量！

　　這一章當中的實驗屬於工程的基礎，是藉由工程讓未來更美好的第一步。在這些實驗裡，你將會使用**生物膠**建造更堅固的建築物、打造蠟燭動力船，甚至設計出越野機器人！每個實驗都是依照工程設計流程進行，包括提出問題、想像解決方法、制定計畫、動手實作，並運用創造性的問題解決流程改良你的設計。工程設計流程和科學方法非常相似，只有一個地方例外，那就是兩者的目標不同。**科學方法的目標，在於發現自然界事物運作的原理；工程設計流程的目標則是運用有限的材料和預算去解決問題**。所以，本章實驗的重點在於解決問題。

　　這些實驗需要用到的東西，很可能你家裡就找得到。在進行「自己做模具」實驗之前，你需要先確認家中廚房有沒有食用甘油和無調味的吉利

丁粉。如果沒有這些東西，記得下次去食品雜貨店時要把它們列入購物清單裡。

製作餅乾屋

- **難度**：中等
- **全程所需時間**：45 分鐘
- **相關領域**：科學

設定假設：

　　生物膠是指用糖等天然材料製成的黏膠。哪種生物膠可以讓結構黏得最牢固呢？

　　這次我們就來建造一個建築物，試試看能不能破壞它，或許還能做成美味的點心喔！想想看，你覺得什麼樣的建築設計和黏膠會最堅固，原因又是什麼？提出你的假設吧！

> **⚠ 警告**：如果你需要使用火爐或微波爐來融化任何東西，請找大人協助你。處理加熱過的材料時，一定要注意安全。如果你有食物過敏，請避開會過敏的食物。另外，這個實驗可能會把周圍環境弄得有點髒亂。

材料：

- ➡ 拋棄式桌巾或報紙
- ➡ 含糖材料數種，例如糖霜、棉花糖抹醬、蜂蜜、小熊軟糖、棉花糖和焦糖
- ➡ 全麥餅乾
- ➡ 一疊書（當重物）
- ➡ 湯匙、奶油抹刀或冰棒棍（用來攪拌及塗抹生物膠）

步驟：

1. 在工作區域鋪上拋棄式桌巾或報紙，避免弄髒。

2. 製作二至三種生物膠：
   你可以將蜂蜜、小熊軟糖、棉花糖或焦糖等材料融化並混合在一起，實驗看看不同的組合。

3. 決定好餅乾屋的設計：
   可以是一間有四面牆的建築，做出長方形或方形的基底，也可以用三面牆組成三角形的基底。建築物每個邊的尺寸，都要用完整一片或兩片餅乾構成。

4. 排列三個大小、形狀皆相同的餅乾屋，暫時不要組合。拿出書本比對，確認餅乾屋設計的寬度足夠放上書本。

5. 組合餅乾屋：

   每個餅乾屋，請使用不同糖漿黏膠組合、固定。

   （▲黏合時，有些生物膠塗上之後，需要等到變硬才能繼續黏下一片。你可以把部分組合好的餅乾先放到冰箱冰，再拿出來繼續組合。）

6. 測試餅乾屋：

   找一位朋友或家人幫忙，在每個餅乾屋上面放書，一次放一本，直到建築倒塌為止。請用雙手拿著書，穩穩的放下去。

   別忘了，要用同樣的書分別放在每個建築物上面測試。並把結果記錄在你的科學筆記本中。

觀察重點：

◉ 每個建築物分別可以支撐幾本書？讓它們倒塌的弱點是什麼？

科學原理解說

　　從可以暫時固定的便利貼黏膠，到黏性超強的強力膠，人類製造出各式各樣的黏膠來滿足不同的用途需求。在自然界中，也有很多天然黏膠。為了對黏膠有深入的了解，科學家還研究了壁虎腳上的趾墊，以及貽貝所製造的黏液。

　　仿生技術這個聽起來有點新奇的字眼，就是形容從自然界汲取靈感所產生的新科技。比方說，美國西北大學曾經對蛞蝓的黏液進行研究，製作出具有延展性的無毒生物膠，甚至可以黏在潮溼的物體表面上。這樣的生物膠在手術中可以發揮很大的用處，也能用來在水中黏合物體，十分方便。

進階挑戰！

　　建造不同設計的全麥餅乾屋，或是使用不一樣的生物膠配方，測試看看會有什麼差別。此外，你還可以用磅秤量出全麥餅乾屋可以承受多少重量。

實驗
02

自己做模具

- **難度**：中等／困難
- **全程所需時間**：2 天
- **相關領域**：科技、數學

設定假設：

　　要如何大量製作巧克力呢？想想看，製作五塊一模一樣的巧克力需要花多少時間，然後提出你的假設。接下來，我們就來認識從構思到生產的製造流程。

> ！　警告：使用微波爐時，請找大人幫忙。處理高溫物品的時候，務必注意安全。並不是每種甘油都可以加入食物中，所以一定要查看甘油的商品標籤，確定可以食用。還有，不要把用來製作模具的束西拿來吃。如果你對巧克力碎片的任何原料過敏，請用水替代巧克力。

材料：

- 28 公克的無調味吉利丁粉
- 3/4 杯（約 177 毫升）食品甘油
- 1/2 杯（約 90 公克）的巧克力
- 3/4 杯（約 177 毫升）開水
- 可微波的玻璃碗，容量可達 4 杯水（1 公升）以上

- 要做成模具的物品（可沉入水裡的堅硬塑膠小玩具）
- 小型紙盒（尺寸要比做模具的物品稍大一點）
- 鋁箔紙
- 大號攪拌匙
- 細篩網

步驟：

1. 先將整個實驗步驟讀過一遍，想好如何讓製作巧克力的過程更流暢有效率。在筆記本上記錄你開始進行實驗的時間。

2. 在玻璃碗中將吉利丁粉和甘油混合，然後將混合液靜置一段時間，並將開水煮滾。

3. 小心的倒入熱開水，然後慢慢攪拌，形成鑄模液。
（▲勿讓氣泡跑進混合液中！）

4. 製作鋁箔盒：
在小紙盒中鋪上鋁箔紙，要包覆到不會漏水。

5. 把你要做成模具的物品放進鋁箔盒裡。再次攪拌鑄模液，然後透過篩網慢慢倒入盒中，將要做成模具的物品完全覆蓋住。
（如果剩下的混合液夠多，可以用另一個物品和另一個鋁箔盒，重複上面的流程。）

6. 將鋁箔盒放入冰箱冷藏，靜置 3 小時到一個晚上，讓它凝固。

7. 待混合液凝固之後，小心的將凝固的混合液從紙盒中取出，剝除鋁箔紙，再用拇指慢慢將裡面的物品推擠出來。完成後，你就可以拿這個模具來做巧克力塊了！
（▲如果鋁箔紙剝不下來，可以拿到水槽中用溫水沖洗，然後再試著剝除。）

8. 將巧克力碎片放進玻璃碗中，然後微波加熱 30 秒。取出後攪拌一下，再微波 30 秒。接著加熱 15 秒後再攪拌，這樣反覆幾次，直到大部分巧克力都融化，再靜置一陣子，剩下的巧克力碎片就都會融化。

9. 將巧克力倒入模具中，再把模具放進冰箱冷藏或冷凍，讓巧克力冷卻。如果沒有巧克力，可以改為將水倒入模具裡，放到冷凍室，就可以做出和你選擇的物品形狀一樣的冰磚！

 觀察重點：

➡ 製作五塊一模一樣的巧克力需要花多少時間？把巧克力放在冰箱的冷凍室和冷藏室有什麼差別？

科學原理解說

　　用來做出模具的原始物品稱為模型，用模具做出來的模型複製品稱為鑄件。你在日常生活中接觸到的許多塑膠物品（甚至包括某些金屬物品），都是透過類似這樣的過程鑄造出來的。你的模具在使用很多次之後多少會損壞，這時就需要新的模具；這點在工業製造的過程中也是一樣，凡是大量生產的東西，像是人物公仔等等，都會需要更換模具。

進階挑戰！

　　你可以將吉利丁混合液製成的模具放進微波爐，加熱 1 到 4 分鐘讓它再次融化（請測試所需時間，並攪拌觀察融化程度），這樣就可以重新倒進容器裡做成新的模具。請重複上面的所有步驟，並依情況稍做調整，讓製作過程更順利流暢。

實驗 03
輕飄飄的旋轉飛魚

- **難度**：中等
- **全程所需時間**：15 分鐘
- **相關領域**：科學、科技

設定假設：

要怎麼控制魚旋轉的動作？想想看，紙張的大小對於旋轉速度會有什麼影響，然後提出你的假設吧！接下來，我們要利用飛在空中的魚，練習航空工程師常用的一些技巧。

> ⚠ 警告：這個實驗適合在空間較大且空氣對流較少的室內場所，例如室內走廊或空曠的體育館。

材料：

- ➔ 輕薄的紙張，例如薄報紙、日曆紙，越輕越好！
- ➔ 尺
- ➔ 剪刀
- ➔ 0.6 公尺乘以 1 公尺的厚紙板或珍珠板

步驟：

1. 剪一段長 20 公分、寬 2.5 公分的紙條。

2. 參考圖示，沿著長邊在距離短邊 1 到 2 公分的地方各剪一刀，兩次要剪在不同邊，深度需剪到短邊的一半，大約是 1.25 公分。

3. 將剪出來的兩個缺口交叉相疊，紙條就會變成一條小魚的形狀。

4. 繼續製作其他不同尺寸的「魚」（可以改變長度、寬度，或是調整缺口處與紙條末端的距離）。

5. 捏住魚的一側，高舉到空中再放開，就會看到它在空中飛了！試著把魚舉到不同的位置，讓它掉下來時不是往你飄，而是往其他方向飄落。

6. 在魚朝著其他方向旋轉飄落時，
   將厚紙板或珍珠板當成空氣推進
   器放在你前面，頂端靠近你的身
   體、底部朝外傾斜 45 度，然後
   往前走。

   在行走的過程中，要讓空氣推進
   器全程維持這個角度，才能推動
   空氣往上。只要多多練習，你就
   可以讓飛魚靠著氣流飄在空中！

觀察重點：

➡ 如果改變紙條的長度或寬度，會
   發生什麼事？增加或縮短魚尾的
   長度會有什麼影響？哪一種設計
   的魚可以飄浮最久？哪一種設計
   的魚飄浮時間最短？

科學原理解說

　　空氣就像水一樣。如果
你在游泳池的水中將厚紙板
快速往前推，會產生一股快
速流動的水波。同樣地，當
你在空氣中推動厚紙板時，
空氣也會往上流動，產生一
股氣壓較大的氣流，所以魚
就會乘著這股氣流，在移動
中的厚紙板前方旋轉。如果
想進一步了解「手溜紙飛
機」，可以查詢翻滾翼滑翔
機的資料。

進階挑戰！

　　試著用不同類型的紙來製作飛
魚，像是雜誌封面或活頁筆記本的
紙張。哪一種紙會最快落地？

實驗 04

瓶塞火箭

- **難度**：簡單
- **全程所需時間**：30 分鐘
- **相關領域**：科學、科技

設定假設：

　　如何透過化學反應來產生火箭的動力？想想看，要用多少的醋才能讓火箭飛得最高，然後提出你的假設。接下來，我們要發射用醋和小蘇打粉製成的火箭，從中認識作用與反作用定律。

> **！** 警告：請配戴護目鏡，如果醋接觸到皮膚，請用清水沖洗。絕對不可以用軟木塞火箭對著任何人或生物，也不要朝向自己的臉。如果瓶子沒有成功發射，在 5 分鐘之內都不可以靠近瓶子。

材料：

- ➔ 3 片瓦楞板，大小約 15 公分乘以 30 公分
- ➔ 3.8 公升的白醋
- ➔ 小蘇打粉
- ➔ 600 毫升的乾淨汽水瓶
- ➔ 可以塞住汽水瓶瓶口的軟木塞或橡皮塞
- ➔ 剪刀
- ➔ 封箱膠帶
- ➔ 漏斗
- ➔ 衛生紙

步驟：

1. 在瓦楞紙板上畫出 3 或 4 個火箭機翼，然後剪下來。這些機翼會噴到水和醋，所以請用封箱膠帶貼在機翼表面，做好保護。

2. 將汽水瓶上下顛倒，讓火箭在靠著機翼立起來時，瓶口與底下的地面有 4 到 6 公分的距離。測量好距離後，用膠帶把機翼黏緊。

3. 用漏斗在汽水瓶裡裝入三分之一瓶的醋。

4. 拿出一張方形的衛生紙，在中間倒入約 2 小匙（10 公克）的小蘇打粉，然後將衛生紙捲成可以放進瓶口的管狀。

5. 準備發射時，請迅速將包有小蘇打粉的衛生紙裝進汽水瓶裡面，用軟木塞將瓶口塞住。接著讓汽水瓶靠機翼直立起來，然後迅速離開。

觀察火箭發射的情況，看看它可以飛多高。你可以錄下每次發射的過程，方便比較發射的高度。

6. 重複上面的步驟，把汽水瓶中的醋量改成二分之一瓶，然後再發射一次。接著做第三次實驗，將汽水瓶中的醋裝到三分之二滿，看看有什麼不同？

進階挑戰！

如果每次都使用一樣多的醋，但小蘇打粉的用量不同，會發生什麼事？如果將兩層的衛生紙改成一層，會有什麼變化？

觀察重點：

➔ 當衛生紙溶解時，會發生什麼事？醋的用量不同，對於發射結果有什麼影響？如果小蘇打粉的重量改變，對於發射結果有影響嗎？小蘇打粉和醋的添加比例改變，又會有什麼影響？

科學原理解說

　　小蘇打粉和醋混合後，會產生化學反應，變成二氧化碳（CO_2）和水（H_2O）。CO_2 產生會讓瓶內的壓力增加，最後就會將軟木塞彈出，把剩餘的水和醋從瓶子底下噴出來。根據牛頓的第三運動定律，**每個動作都會產生作用力和反作用力**。當水從瓶子底下噴出來時，就會推動瓶子往上發射。

蠟燭動力船

- **難度**：中等
- **全程所需時間**：30 分鐘
- **相關領域**：科學、科技

設定假設：

如何用蠟燭的火焰為小船提供動力？想想看溫度的變化如何讓物體作動，然後提出你的假設。接下來，我們要製作一艘用蠟燭的火焰驅動的小船，從中認識**對流**。

> **！** 警告：點蠟燭的時候，請找大人協助你。在火焰附近時也要注意安全。此外，不要讓寵物或小孩單獨待在水池旁邊，實驗做完之後就把水放掉。

材料：

- ➔ 2 公升的乾淨汽水瓶
- ➔ 剪刀
- ➔ 瓢蟲、螞蟻或白蟻
- ➔ 樹枝
- ➔ 紙
- ➔ 藍色原子筆

注意

這個實驗在空氣較不流通的室內進行效果最好。

步驟：

1. 製作船身：

   將鋁箔紙折出寬 5 公分、高 5 公分、長 10 公分的船身。

   小船必須要能載著迷你蠟燭在水上漂浮。如果漂不起來，請用不同的尺寸和厚度再做一次，以一到兩張鋁箔紙的厚度，應該可以做出能輕鬆漂浮在水上的小船。

2. 剪下大約 10 公分乘以 15 公分的鋁箔紙，做成船帆，然後用膠帶或迴紋針固定到船身上。調整船帆，讓它在燭火上方呈現彎曲的形狀。

3. 在淺水池中裝 5 公分深的冷水，靜置一陣子，直到水面完全平靜為止。

4. 將迷你蠟燭放在船內帆船下方的位置，把船放進水中，然後點燃燭芯，觀察小船的運動情況。

5. 吹熄蠟燭，讓小船冷卻一分鐘。再把船帆調整成你想要的角度和形狀，然後再試一次。

觀察重點：

➡ 將你觀察到的小船移動情況記錄在科學筆記本裡。

科學原理解說

　　小船是因為**對流**而移動。蠟燭周圍的空氣在加熱之後密度變低，這股暖空氣上升，然後因為船帆的關係改變方向，離開小船周圍。於是溫度較低、密度較高的空氣就填補進來，然後又被蠟燭加熱，重複上面的過程。這樣就形成空氣的流動，也就是所謂的風，並且驅使小船移動。雖然在這個實驗中產生的風非常微弱，但在自然界中也有類似這樣的作用。自然界中之所以會有風，是因為太陽對地表加熱不均，使空氣對流移動。

進階挑戰！

　　製作不同形狀和大小的船帆，比較看看對於小船的運動有什麼影響。想想看，如何運用尺和馬表判斷小船的速度？（提示：速度等於距離除以時間）

義大利麵條之橋

- **難度**：中等
- **全程所需時間**：30 分鐘
- **相關領域**：科學、工程、數學

設定假設：

　　義大利麵的麵條有多強韌？想想看，用一根到五根的義大利麵條分別可以支撐多少重量，然後提出你的假設。接下來，我們要用義大利麵條搭出簡單的橋，從中認識材料的強度。

> ⚠️ 警告：請配戴護目鏡，以免義大利麵條斷裂時被麵條碎片傷到眼睛。

材料：

- ➔ 2 張相同的椅子
- ➔ 生的義大利麵條
- ➔ 迴紋針（特大或一般尺寸皆可）
- ➔ 大約三明治大小的夾鏈袋
- ➔ 紙膠帶或透明膠帶
- ➔ 要當作重物的東西（硬幣、彈珠、墊圈等）

步驟：

1. 把兩張椅子並排，椅面之間留出大約一根義大利麵條長度的距離，但兩端各要縮短 2.5 公分，讓義大利麵能放在椅面上。

2. 把一個迴紋針從中間拉開，變成兩端都是掛鉤的樣子。使用其中一端的掛鉤，從夾鏈袋的夾鍊下方中央處刺破外層塑膠袋，穿到另一邊。

3. 用膠帶將義大利麵條的兩端分別貼在兩張椅子上。

4. 將夾鏈袋掛在義大利麵條構成的「橋」中間。

5. 抬起夾鏈袋，放入一個重物。每次放入重物之後，都要慢慢讓袋子降回原本的位置。持續增加夾鏈袋內的重物數量，一次加一個，直到義大利麵條斷掉為止。

6. 把一根麵條能夠支持的重物數量記錄下來。

7. 改成用兩根、三根、四根和五根義大利麵條重複前面的流程。增加麵條時，請先用膠帶把義大利麵條捆在一起，再把兩端貼到椅子上。

觀察重點：

➡ 根據你的實驗結果畫一張圖表，X 軸（橫軸）代表義大利麵條的數量，Y 軸（縱軸）代表麵條能支撐的重物數量，若不會畫的話，可詢問身邊家長或老師。從這張圖表上可以看到什麼模式？

科學原理解說

只有一根義大利麵條的時候，所有的力都施加在這個脆弱的支撐物上。但若把好幾根義大利麵條綁在一起，就會變得類似繩索或纜繩，重量由其中的所有麵條一起分攤（底部麵條所承受的重量比上方麵條多）。你在科學筆記本上畫出的圖表，可以用來預測更多麵條可以承受的重量。

進階挑戰！

你能用圖表預測 10 根義大利麵條可以承受多少重量嗎？動手試試看，然後將你的預測與實際結果做比較。此外，你也可以嘗試其他橋梁設計，像是用棉花糖或熱熔膠，以不同的方式把義大利麵條黏在一起。看看哪一種橋最堅固呢？

實驗 07 機械越野車

- **難度**：中等
- **全程所需時間**：45 分鐘
- **相關領域**：科學、科技

設定假設：

　　方形的輪子可以讓車輛移動嗎？想想看方形輪子的大小對於車輛行駛會有什麼影響，然後提出你的假設。接下來，我們要運用工程設計流程，製作出用橡皮筋帶動的方輪車輛。

> **！** 警告：用鉛筆戳洞時要注意安全。

材料：

- 直徑約 5 公分的杯子或蓋子，當作圓形的樣板
- 瓦楞板，尺寸為 30 公分乘以 60 公分
- 剪刀
- 尺
- 2 枝削尖的鉛筆
- 紙膠帶或透明封箱膠帶

- 車身材料：可以使用硬紙筒、寶特瓶、裝零食的小紙盒，或是中間有開放空間、且寬度至少比鉛筆長度短 2.5 公分的容器。
- 2 到 5 條橡皮筋（尺寸 16 號，壓平約長 5 公分，直徑 32 公釐）
- 長尾夾，寬度 19 公釐到 32 公釐皆可。

步驟：

1. 製作前輪：
   用圓形樣板在瓦楞板上畫出兩個輪子，然後剪下來。也可以剪出四個圓形，變成雙層的輪子。

2. 接著製作後輪：
   用尺在紙板上畫出兩個邊長 15 公分的正方形、兩個邊長 10 公分的正方形，以及兩個邊長 5 公分的正方形。畫好後，把這六個正方形剪下來。

3. 在所有正方形上面畫出兩條對角線（將相對的角連起來，形成一個「X」），並在對角線的交叉處，用削尖的鉛筆戳出一個洞。

4. 安裝輪軸裝到車身上：
   先用筆尖在車身前端戳出小洞，然後將鉛筆穿過前端的洞。

（▲若鉛筆筆尖無法戳出小洞，可用原子筆或針替代，成功戳出小洞後，再用鉛筆穿過。）
轉一轉輪軸（鉛筆），確定輪軸可以在洞裡輕鬆轉動。重複同樣的動作，裝上後輪輪軸。

5. 安裝橡皮筋動力結構：
先將兩到三條橡皮筋串在一起，做成和車身長度差不多的橡皮筋繩。再將橡皮筋繩的一端套在後輪的鉛筆輪軸上，並拉緊，用長尾夾把另一端夾在前輪軸上。

6. 安裝輪子：
拿出兩個 5 公分的圓形紙板輪子，用膠帶貼在前輪的鉛筆輪軸兩端。然後拿出兩個 15 公分的正方形紙板，用黏在後輪的鉛筆輪軸兩端。

7. 旋轉後輪的輪軸讓橡皮筋纏繞在輪軸上，接著鬆手，車子就會自己移動了！
請將車子移動的距離記錄在你的科學筆記本上，試著找出最理想的旋轉圈數。要小心，如果把輪軸轉過頭的話，可能會讓橡皮筋斷掉。

8. 把後輪拆掉，換上 10 公分和 5 公分的方輪，再次實驗。要記得，每次旋轉輪軸的圈數要一樣。

觀察重點：

➔ 比較 5 公分 10 公分和 15 公分方輪的移動情況，有什麼差別？你的車子在不平坦的表面上移動時順利嗎？

科學原理解說

輪子的邊緣距離輪軸越遠，轉動時需要的力越大。使用小輪子時，就算輪子是正方形，橡皮筋中儲存的能量還是能提供足夠的力讓輪子轉動。當輪子的尺寸變大時，就需要更多力來克服方輪的角，直到橡皮筋的能量無法帶動輪子旋轉為止。

進階挑戰！

試著改用其他尺寸的橡皮筋，哪一種橡皮筋尺寸可以讓車子行駛得最遠？你還可以重新設計車子，讓它行駛得更順利。工程設計流程的重點，就在於製作原型、進行測試，然後再來一次！

比較串聯與並聯的燈串實驗

- **難度**：中等
- **全程所需時間**：60 分鐘
- **相關領域**：科技、藝術

設定假設：

　　串聯電路只有一個讓電流流動的通道，並聯電路則有多個通道可以讓電流經過。這兩種電路的差異，對於燈泡的運作會有什麼影響？想想看電路類型與燈泡亮度之間的關係，然後提出你的假設。

　　接下來，我們要使用燈串製作電路，以此來比較串聯和並聯電路的差別。

> ⚠️ 警告：請找大人幫忙你用剪線鉗或剪刀剝除電線的外皮。

材料：

- ➡ 至少有三顆燈泡會亮的燈串（燈泡必須是白熾燈，不能用 LED 燈泡）
- ➡ 剝線工具（剪刀或斜口鉗）
- ➡ 三張長條鋁箔紙，尺寸為 2.5 公分乘以 7.5 公分
- ➡ 9 伏特電池

步驟：

1. 從燈串中剪下三顆燈泡，每顆燈泡兩端各預留約 8 公分的電線。

2. 使用剝線工具，小心的將電線兩端 13 公釐的塑膠絕緣體剝除。只需要剪掉塑膠外皮，不要剪到中間的金屬絲，可能需要練習幾次才能完成。

3. **製作「串聯電路」**：
　　將一顆燈泡與另一顆燈泡的電線末端連接起來，並用鋁箔紙包緊。用電線尚未連接的另外兩端，分別接觸 9 伏特電池上面的兩個電池釦，這樣就形成串聯電路了。
　　請觀察每顆燈泡的亮度，接著重複此步驟，裝上第三顆燈泡。

4. 製作「並聯電路」：

從兩顆燈泡各取一條電線，將末端用鋁箔紙包在一起，然後接觸9伏特電池上面的其中一個電池釦。接著將這兩顆燈泡的另外兩條電線末端也用鋁箔紙包住，接觸另一個電池釦。請觀察每顆燈泡的亮度。重複此步驟，加上第三顆燈泡，將燈泡其中一條電線的末端接到一個電池釦上，另一端接到另一個電池釦。

（▲你可以將兩條或三條電線的末端纏繞在一起，合併成一條電線，再接到電池釦上。另一邊的接線也合併成一條電線，再去接另一個電池釦，這樣做會比使用鋁箔紙更快。）

觀察重點：

❥ 比較串連電路和並聯電路，在使用兩顆與三顆燈泡時，燈泡的亮度有什麼差異？如果從兩款電路中拆掉一顆或兩顆燈泡，各會發生什麼事？

Andy 老師的小建議：
也可以嘗試另一項進階挑戰，將電池換成其他物品，例如杯子、鹽水等，看看燈泡會不會亮起來？

科學原理解說

　　流經電線和燈泡的電流，就好比流經水管的水。串聯電路就像是把好幾根水管接起來，所有的水流都必須經過第一個水管，才能進入第二根水管。如果堵住第一根水管，就沒有水能流到第二根水管裡面。這就是把串聯電路的其中一顆燈泡拆掉時會發生的狀況，電流完全無法通過。

　　並聯電路就像並排的水管，這樣一來，水可以從很多管道通過。如果第一根水管堵住了，水還是可以流過其他水管，所以就算把一顆燈泡從並聯電路拆下來，也不會影響其他的燈泡。

進階挑戰！

　　你可以運用你對電路的知識製作其他東西。比方說，你可以嘗試製作一張內頁有燈泡的生日賀卡，當卡片蓋起來時燈泡就會熄滅。或是用紙摺出一隻螢火蟲，然後在尾端裝上一顆燈泡。想想看，要怎麼設計才能讓螢火蟲一按翅膀就亮起來？

第 5 章

［ **本章介紹** ］

STEAM 當中的「A」是指藝術與人文，涵蓋了肢體藝術（舞蹈）、美術（繪畫、素描、雕刻）、表演藝術（戲劇、音樂）、語文（閱讀、寫作）以及歷史。更是代表將藝術與人文，應用在現實生活中。

從原先的 STEM 納入「A」的概念，是為了加入人文元素中的**同理心與創造力**。因為有這兩種特質，人類面對問題時創造的解決方法才會和電腦有所差別。

藝術不只是素描、繪畫或創意思維，而是發揮想像力、應用創造力和同理心的方式。同理心就是為他人設身處的著想，並且感同身受。在設計思維是一種解決問題的流程，在此之中，同理心是非常重要的一環。**設計思維的重點在於了解別人的感受，並從中找出解決問題的創新方法**。你可以透過很多方式來練習，但基本上這些方式都包括以下幾個步驟：（1）同理心、（2）定義問題、（3）腦力激盪，以及（4）以最理想的概念進行測試，找出解決方法。設計思維和科學方法很像，但科學方法的重點是找出事物運作的原理，設計思維的重點則是助人。

在本章的實驗中，我們會透過藝術來探討動量背後的科學概念、藉由科學探究印刷照片的藝術手法，還會運用工程能力製作出能創作藝術的機器。這些實驗各以不同的方式應用藝術概念，但都是 STEAM 的實例。

進行本章的實驗時，你會用到一些美術用品，可能需要添購蛋彩的顏料和水彩。此外，別忘了在採購清單中加上菠菜，在「葉綠素印相法」實驗會用到呢！

　　準備好了嗎？讓我們一起體驗藝術與科學融合的樂趣！

用動量創作的噴濺畫

- **難度**：簡單
- **全程所需時間**：30 分鐘
- **相關領域**：科學、數學

設定假設：

　　動量是指物體運動的量。當球從不同的高度掉到顏料上，顏料濺出的範圍會有什麼差別？想想看顏料的噴濺情況會呈現什麼模式，然後提出你的假設。接下來，我們要創作一個藝術作品，並探討動量的影響！

> ⚠ 警告：這個實驗會把周圍環境弄得有點髒亂，請穿著沾到顏料也沒關係的衣服。最好在戶外進行這個實驗。

材料：

- 咖啡杯
- 薄紙板（可以把空的玉米片紙盒剪開使用）
- 剪刀
- 原子筆或麥克筆
- 十元硬幣
- 大尺寸的紙張，至少 60 公分乘以 60 公分（可用壁報紙、包裝紙的白色背面）
- 小球，像是棒球、網球或彈力球
- 可水洗顏料
- 尺、捲尺或米尺
- 保鮮膜（可省略）

步驟：

1. 用咖啡杯的杯底當作樣板，在紙板上描出三個（或更多）圓形，然後把圓形剪下。

2. 將十元硬幣放在每張圓形紙板的正中間，描出一個圓圈。（小圓圈是用來標示要塗抹顏料的範圍，讓每次實驗的顏料用量相同。）

3. 把紙張放在平坦堅硬的戶外地面，例如自家車庫門口。

4. 選擇至少三個不同的掉落高度，要確定你用這三個高度，都可以控制球掉落位置。球每次掉落，都必須直接落在圓紙板的中心。

5. 拿出剪好的圓形紙板,在中心畫好的圓圈上塗滿顏料。把圓形紙板翻面,顏料的部分朝下,然後放到紙上。

6. 如果怕球弄髒,請先用保鮮膜把球包起來。包好之後,小心的讓球直落在圓形紙板的中間。

7. 請測量顏料噴濺的距離,並記錄下來。

8. 重複步驟 5 和步驟 6 至少兩次,每次改用不同的掉落高度進行實驗,觀察有什麼變化?

觀察重點:

➔ 把球掉落的高度和顏料噴濺的距離整理成一份表格,然後把這份表格畫成圖表。球掉落的高度對於顏料噴濺的範圍有什麼影響?

進階挑戰!

你可以用不同份量的顏料或不同的球重複這個實驗。從相同高度丟下不同的球,對於顏料噴濺的範圍有什麼影響?如果用錘子敲擊圓形紙板,可以讓顏料噴到多遠?

科學原理解說

動量是用質量乘以速度得出,代表物體移動的作用力。當兩個物體移動速度一樣時,重量小的物體動量就會小於重量大的物體。想像你在保齡球館裡面試著用乒乓球擊倒球瓶,不管乒乓球的速度多快,重量都太輕,所以乒乓球的動量不足以把球瓶擊倒。

在這個實驗中,我們增加球掉落的高度,當球從最高的地方落下時,可以在每次落地之前達到最快的速度。速度越快,動量就越大!有一位叫做傑克遜·波洛克的知名藝術家,因為運用潑灑滴濺的方式作畫而聞名,這種創作手法就和我們這個實驗很像。

你可以查詢「行動繪畫」這個詞,進一步認識這種繪畫技法!

製作先進的繪圖機器

- **難度**：困難
- **全程所需時間**：60 分鐘
- **相關領域**：科學、科技、數學

設定假設：

　　諧波記錄器是一種運用單擺運動畫出幾何圖形的機器。這項實驗會用到**簡諧運動**。請想想要如何運用擺錘製作出精細的圖畫，然後提出你的假設。接下來，我們就要製作一部諧波記錄器，從中了解擺錘的應用方式。

> ！ 警告：要將物品貼在門框頂部時，請找大人幫忙。

材料：

- 12 公尺的棉線
- 剪刀
- 捲尺
- 6 根木製冰棒棍
  （一般或特大尺寸）
- 紙膠帶
- 文件夾板
- 吸管（剪成 5 公分長）
- 迴紋針（一般或特大尺寸）
- 塑膠杯
- 木棒，長度 30 公分到 46 公分
- 2 枝麥克筆
- 長尾夾
- 3 到 5 本書
- 紙

步驟：

1. 先選擇家中的一扇門來製作諧波記錄器。

2. 將棉線剪成長度相同的四段，剪短後的棉線，長度要比門的高度多出 15 公分左右。

3. 將四條棉線分別綁在四根木製冰棒棍的中間，然後將這些冰棒棍牢牢貼在門框的頂部，內外兩邊各貼兩條。
   黏貼時，請將冰棒棍隔出相同間距，我們要讓四條棉線以差不多的間距落在文件夾板的四角。

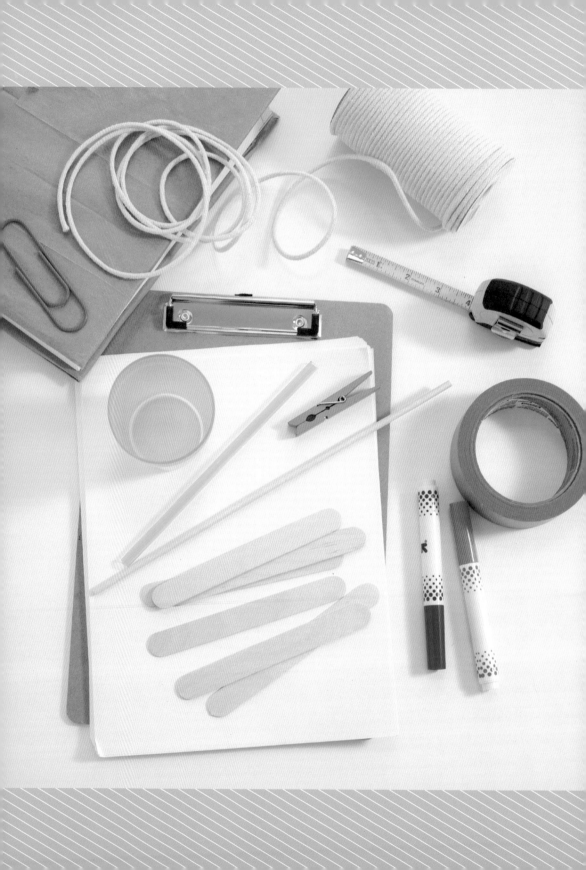

4. 將四條棉線的另一端分別貼在文件夾板上面對應的四角，讓文件夾板懸空於距離地面約 30 公分的地方，與地面平行。

（▲在貼住棉線之前，可以將棉線兩兩打結變成繩圈、套在文件夾板下方，增加穩定度。）

5. 製作鉸鏈組件：

把一枚迴紋針拉直，穿過吸管，讓吸管置於迴紋針的正中間，再將迴紋針向內折彎，固定吸管。別太緊！要讓吸管能自由轉動。最後，將組件兩端分別貼在剩下兩根冰棒棍的短邊側面。完成！

6. 將塑膠杯的杯緣朝下，放在平坦表面上，然後將鉸鏈組件底下的兩根木製冰棒棍牢牢貼在杯壁上最窄的地方。

7. 拿出木棒，在木棒中間處與鉸鏈組件上的吸管擺成 90 度相交，並用膠帶固定。在木棒的一端，用膠帶貼上一枝麥克筆，讓筆尖朝向地面。

8. 將第二枝麥克筆貼在長尾夾沒有夾子的那一頭，用來與鉸鏈組件上那隻麥克筆互相平衡。嘗試調整這個平衡物夾在木棒上的位置，直到能和另一隻麥克筆達到平衡為止。

9. 把書放在懸空的文件夾板上，增加重量。在書上放一張畫紙，並用膠帶貼好固定。

10. 請在文件夾板長邊旁的地面上放幾本書，然後把裝有鉸鏈組件的杯子放在書上，增加或減少書本，直到麥克筆的筆尖高度足以碰到紙張為止。

11. 將墊高用的書本和裝有鉸鏈組件的杯子往懸空的文件夾板移動，讓麥克筆的位置移到紙面中央。拿掉麥克筆的筆蓋，裝在麥克筆的末端（這樣才能讓這枝麥克筆維持和另一枝相同的重量）。

你可能需要調整平衡物的位置，才能讓麥克筆保持輕觸紙面的高度。

12. 讓文件夾板輕輕擺動，這個機械就會開始作畫了！

觀察重點：

> 對懸空的文件夾板分別做出推動和輕轉的動作，畫出來的塗鴉會有什麼不同？

科學原理解說

　　支撐文件夾板的每根棉線會發生單擺運動，讓板子（放置紙張的地方）作動，產生不同的圖畫。如果棉線朝同一個方向移動（例如只有前後擺動），就會畫出直線。如果文件夾板同時往兩個方向移動（前後以及左右），這個機械就會根據單擺運動的細微變化畫出複雜的圖畫。

　　擺錘的移動方式是一種特殊的運動，稱為簡諧運動。擺錘的簡諧運動是因為重力而持續重複的前後移動，諧波記錄器最後會因麥克筆在紙面上移動時產生的**摩擦力**而停下來。

進階挑戰！

　　用一枚迴紋針當作掛勾，在懸空的文件夾板四角各掛一袋硬幣，然後再讓文件夾板擺動。試試看在每個袋子裡放一樣數量的硬幣和不同數量的硬幣，這樣的變化會讓這個繪畫機器的運動出現什麼改變？

實驗 03 葉綠素印相法

- **難度**：簡單
- **全程所需時間**：2 至 5 小時
- **相關領域**：科學、科技

設定假設：

　　要如何利用**葉綠素**等天然色素和陽光印出圖案？想想看，色素塗抹的層數對印刷品質會有什麼影響，然後提出你的假設。接下來，我們要自己動手印刷，體驗陽光的力量！

材料：

- ➜ 450 公克以上的菠菜
- ➜ 攪拌機
- ➜ 湯匙
- ➜ 當作篩網的布料（舊 T 恤、舊襪子、紗布）
- ➜ 大容量的碗
- ➜ 海綿刷
- ➜ 三張紙（質地粗糙的水彩紙最適合，不過一般的紙張也可以）
- ➜ 壓平的葉子或花朵
- ➜ 六張透明塑膠片（可以用相框裡的塑膠片，尺寸比紙張大較好）
- ➜ 長尾夾

步驟：

1. 將菠菜放到攪拌機裡打成泥。

2. 製作色素：
   先舀一兩匙菠菜泥到篩網裡，在碗上方用力擰壓篩網和菠菜泥，擠出菜汁。重複以上動作，直到所有菜汁都榨出來為止

3. 用海綿刷在紙上塗一層色素，等待 5 分鐘讓色素變乾，再塗第二層。第一張紙只要塗一層色素，第二張塗兩層，第三張塗三層。

4. 在三張紙上分別放一至兩個壓平的葉子或花的物品。

5. 將每張紙分別夾在兩張塑膠片中間，用長尾夾夾住。

6. 在中午左右放在陽光直射的地方，晒 1 到 4 個小時。每小時檢查一次，要小心的掀起夾在中間的物品，觀察物品旁邊的顏色跟底下的顏色相比有多少變化。當顏色差異夠明顯的時候，就能將你的印刷作品從陽光下移開。

觀察重點：

➡ 只塗一層色素的印刷效果，和兩層及三層色素相比起來如何？

科學原理解說

　　這種印刷方式可以重現最早期的一種照片，稱為植物印相。這個印相法是將植物中的光敏成分曝晒在陽光下，藉此印下物品的輪廓。每種植物色素需要的曝晒時間各不相同，有些只要幾小時，有些需要幾星期。葉綠素是存在於植物中的一種綠色色素，可以從陽光獲得能量，幫助植物進行光合作用；植物就是藉由光合作用，將光能轉變為化學能。

進階挑戰！

　　試著用其他植物製作具有感光性的色素，例如有顏色的花朵、高麗菜或羽衣甘藍。也可以改在一天當中的其他時間曝晒陽光，看看會發生什麼事？

地質藝術

- **難度**：簡單
- **全程所需時間**：2 天
  （需要隔夜風乾兩次）
- **相關領域**：科學

設定假設：

　　不同的**地質**材料，對於水和顏料的吸收情況會有什麼差異？想想看，水彩在用天然素材製作的藝術作品中會如何流動以及被吸收，然後提出你的假設。接下來，我們要以自然材料為靈感，將這些素材組合成藝術作品。

　　警告：不要使用任何包含活體動物的素材。

材料：

- ➡ 石頭
- ➡ 萬能白膠
- ➡ 藝術作品的底座，例如廢木料或紙板
- ➡ 沙子
- ➡ 天然素材，例如土壤、沙子、枝條、羽毛、花朵或葉子
- ➡ 畫筆或滴管
- ➡ 水彩或加水的食用色素

步驟：

1. 為你的拼貼作品構想一個主題概念，可以是傳達某種感受的抽象藝術，也可以是呈現特定事物外觀的具象藝術。

2. 決定好石頭在底座上的位置，然後將石頭黏好。

3. 在石頭周圍加上白膠，並在白膠上撒一些沙子和土壤。

4. 把你想加入的其他天然素材用白膠黏好。完成後，靜置一晚等白膠風乾。

5. 用畫筆或滴管在沙子上加上水彩。如果需要讓水彩顏料更容易流動，可加入少量的水。注意，加太多水會讓白膠的黏性減弱。完成後，再靜置一晚等待風乾。

觀察重點：

- ➡ 水彩在這些材料上會如何流動？又是如何被這些材料吸收？

科學原理解說

地球表面環境是動態的，也就是隨時都在改變。地表的物質會受到風化作用而分解。物理風化是物理性的變化所導致，例如水在岩石細縫中結冰；化學風化則會改變岩石的化學結構，例如酸性的雨水流過花崗岩會發生化學變化，將花崗岩的礦物成分長石變成黏土。

此外還有風、液態水和冰所造成的侵蝕作用，會不斷將被風化的地表物質（稱為沉積物）帶到其他地方。當沉積物留在新的地方，就是發生沉積作用。就連戶外的藝術作品（例如雕像），也會成為這個改變過程的一部分。

進階挑戰！

將作品放在戶外陽光直射的地方一段時間，跟放在遮陰處相比，過程中會有什麼樣的改變？請拍照並將觀察結果寫在科學筆記本中，記錄你的作品隨著時間流逝發生什麼樣的變化。你也可以用其他材料（例如鹽、糖、白膠和水彩）製作另一個作品，觀察有什麼不同之處。

實驗 05 設計全像投影

- 難度：中等
- 全程所需時間：45 分鐘
- 相關領域：科學、科技、工程、數學

設定假設：

如何透過在塑膠上製造刮痕，製造出彷彿飄浮在空中的圖形？想想這種**全像投影**的大小和形狀與原始圖片會有什麼差異，然後提出你的假設。接下來，我們就要以刮痕全像投影法，製作出全像投影！

!　　警告：使用圖釘時要小心安全。不要用手電筒直接照射眼睛。

材料：

- ➔ 白紙
- ➔ 文件夾板
- ➔ 紙膠帶
- ➔ 光碟片
- ➔ 2 枚圖釘
- ➔ 木製冰棒棍
- ➔ 鉛筆
- ➔ 手電筒

步驟：

1. 把白紙放在文件夾板上，並用兩段紙膠帶將光碟片閃亮的那一面固定在白紙的上方。

2. 製作轉錄圖片的裝置（圓規）：小心的在木製冰棒棍的兩端分別插上一枚圖釘，釘子的部分要完全插進去。然後在冰棒棍的兩端貼上紙膠帶，避免圖釘移動。
（▲請以旋轉方式，慢慢將圖釘鑽進冰棒棍，避免木片斷裂。）

3. 將這個圓規的一端，放在光碟片中央圓洞下方一點點的位置。用圓規的另一端與紙面垂直接觸，在紙上標記出一個點，然後在紙上畫出一條水平線。在光碟片底部邊緣上方約 1 公分的位置，重複一次這個流程。這是為了讓你畫的圖案與光碟片上的記號之間的距離符合圓規的長度。

4. 在兩條線之間設計出你想做成全像投影的圖畫，注意，寬度不能超過光碟片。建議先從心形等簡單圖形或正楷大寫字母開始。先提醒一下，做出來的全像投影會比你畫的圖稍微小一點。

5. 用鉛筆沿著圖案的線條上加上圓點，每個點間隔約 3 公釐。

6. 將你剛才畫的圓點當作支點，把圓規的其中一端放在上面，然後移動圓規的另一端，在光碟片的兩側邊緣之間輕刮表面，劃出弧線。注意不要刮得太深，每個點只要劃出一道弧線即可。

7. 打開手電筒，從較高的角度水平照射光碟片表面，同時將光碟片前後傾斜擺動，就可以看到你的全像投影隨著閃爍的圓點浮現在光碟片上。受到光線角度的影響，一開始可能不容易看到，請嘗試找出效果最好的角度。

觀察重點：

➡ 看得到全像投影的最左邊和最右邊位置，離塑膠光碟片的中心有多遠？全像投影的形狀和大小與原本的圖案有什麼差異？

進階挑戰！

用兩支明亮的手電筒從不同的角度照射，能不能同時看到一個以上的全像投影？你還可以用立方體等更複雜的圖形，再做一個全像投影。

科學原理解說

這個全像投影是光線角度、塑膠，以及你的雙眼所創造出來的錯覺。根據光源角度和眼睛的構造，弧形刮痕會在某個點時反射強烈的光線。因為雙眼之間有距離，兩隻眼睛看東西的角度有一點差異。兩眼觀看刮痕的角度不同，就表示兩眼在弧線上看到反射光線的位置不一樣，我們看著普通的物體時，大腦習慣利用雙眼視角的差異來計算物體與其他東西之間的距離，這種機制稱為深度知覺這就會產生深度的錯覺。

我們看著普通的物體時，大腦習慣利用雙眼視角的差異來計算物體與其他東西之間的距離，這種機制稱為深度知覺。如果閉起一隻眼睛，深度知覺就會減弱，大腦必須依賴其他線索（例如相對大小）來判斷物體與你和其他東西之間有多遠。不妨試試看在閉上單眼的情況下，和朋友輕輕互丟網球，看看結果會如何。

如果想看看非常精細的刮痕全像投影，你可以搜尋藝術家馬修‧布蘭德（Matthew Brand）的鏡面全像投影作品。

第 6 章

精準的
數學

Math

［ 本章介紹 ］

　　每個人無論第一個學會的語言是什麼，都懂得用數學表達。數學之所以被稱為共通語言，就是因為人人都會用到。數學符號和組成算式的方式，在世界各地都一樣。

　　想增進對於數學語言的了解，有個方法是建立「測量基準」。基準就是用來比較的參考點，請看看下面列出的幾個基準，再想想還有哪些東西可以用來表示不同的長度。比方說，你的手長度大約是 15 公分，所以你其實隨身帶著一把尺，自己卻不曉得呢！

　　0.1 公分 = 1 公釐 ≈ 一元硬幣的厚度

　　1 公分 ≈ 手指頭的寬度

　　2.5 公分 ≈ 1 英寸 ≈ 十元硬幣的寬度（直徑）

　　30 公分 ≈ 1 英尺 ≈ A4 影印紙的長度

　　100 公分 = 1 公尺 ≈ 1 碼 ≈ 一扇門的寬度

　　數學在所有研究領域當中都很重要。本書當中的每一個實驗，都需要用到數學。在科學、科技、工程和藝術這些領域當中，都有數學存在，無論是透過圖案、體積、形狀、數量或其他形式。不妨回顧一下你先前做過

的實驗，看看可以找到多少和數學有關的地方。

在這一章當中，我們要探討數學的各種層面，例如幾何學、測量時間等等。有兩個實驗是探討黃金比例的特殊模式，你還會學到二進位記數系統的特殊計算方式。數學是科學的語言，這一章的實驗將會幫助你和數學對話！

運用黃金比例製作機械式觸手

- **難度**：簡單
- **全程所需時間**：60 分鐘
- **相關領域**：科學、工程

 設定假設：

黃金比例是一個特殊的數，它的值為 1.618。用你的手測量出來的長度，符合黃金比例嗎？要如何用測量出來的數字製作出機械式觸手呢？就讓我們挑戰一下這項工程，從中了解數學與自然的關係！

材料：

- ➔ 尺
- ➔ 紙
- ➔ 吸管
- ➔ 剪刀
- ➔ 麥克筆
- ➔ 棉線或毛線
- ➔ 迴紋針
- ➔ 計算機

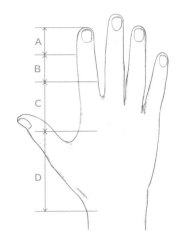

步驟：

1. 在你自己的手上測量 A、B、C 和 D 各有多長，請將這些數字記錄下來。

   A：從指尖到第一個指關節的長度

   B：從第一個指關節到第二個指關節的長度

   C：從第二個指關節到第三個指關節的長度

   D：從第三個指關節到手掌與手腕相接處的長度

2. 從吸管的一端開始，用麥克筆在吸管上標出這四個長度。

3. 在吸管上標記這四個長度的地方，分別剪出小小的凹口。

4. 將細繩穿過整枝吸管，然後在靠近最短那一段的末端打一個大結，並在結的末端綁上迴紋針，以免掉進吸管裡面。完成了！

5. 請握住吸管的另一端（靠近最長那段），拉緊細繩，再將細繩鬆開、釋放拉力。

觀察重點：

○ 將細繩拉緊及鬆開時，分別會發生什麼事？請複製下面的表格，將你在自己手上量到的數字填進去，就可以算出手的比例。用你的手測量出來的長度，符合黃金比例嗎？

○ 在紙上畫出這個表格，然後填入你的數字：

長度	計算結果
A=	
B=	
C=	
D=	
B ÷ A=	__ ÷ __ = __
C ÷ B=	__ ÷ __ = __
D ÷ C=	__ ÷ __ = __

科學原理解說

　　機械式觸手的靈感來自生物，主要是章魚。工程師會用機器觸手來拿取一些形狀複雜或容易破裂、所以很難拿在手上的東西，而機械關節的位置設計，就是依照黃金比例。你的手只是黃金比例的例子之一，就連向日葵種子在花朵中的排列方式，還有植物莖上長出葉子的位置，也都和黃金比例有關。你可以繼續研究黃金比例的資料，找出更多和這個數值相關的有趣例子！

進階挑戰！

　　你可以用親朋好友的手再做一次這個實驗，看看誰的手量起來最接近黃金比例？用誰的長度做出來的觸手最成功？你還可以再挑戰另一個有趣的實驗：做出八隻觸手，然後用細繩把它們綁在用紙杯做的身體上，變成一隻章魚！

實驗 02 **自製擺鐘**

- **難度**：簡單
- **全程所需時間**：15 分鐘
- **相關領域**：科學、科技

設定假設：

　　如何用擺錘來製作時鐘？一次完整擺動（包括向右擺和向左擺）所需的時間稱為一個**週期**。想想看，要用多長的細繩才能讓一次完整擺動的週期剛好是一秒鐘，然後提出你的假設。接下來，就讓我們透過擺錘的運作認識重力！

材料：

- 紙膠帶或封箱膠帶
- 鉛筆
- 黏土球，直徑約 2.5 公分
- 70 公分至 90 公分長的棉線或毛線
- 長尾夾
- 尺
- 馬表

步驟：

1. 用膠帶將鉛筆固定在桌面或其他比較高的平面上，讓鉛筆的一半從邊緣懸空凸出來。

2. 將細繩的一端揉進黏土球裡。

3. 用長尾夾將細繩的另一端夾在鉛筆懸空的部分，然後利用長尾夾將細繩調整到每次測試所需要的長度。前三次測試時，請分別把細繩長度調整成 15 公分、30 公分和 46 公分。

4. 把黏土球拉到高處後鬆開，測量 10 次完整擺動所需的時間。把測量到的時間除以 10，就可以算出週期。比方說，如果 10 次完整擺動花了 12 秒，那麼一次完整擺動的時間就是 1.2 秒。

觀察重點：

- 要用多長的細繩，才能讓一次完整擺動的時間剛好是一秒鐘？
- 若將擺錘變長，週期會變長還是變短？如果擺錘長度變成兩倍，週期也會變成兩倍嗎？

科學原理解説

　　地球上的所有物體都是以 9.8 公尺 / 二次方秒（m/sec^2）的速率被拉向地面，這就是重力所產生的加速度。無論黏土球多大，擺錘都是以這個速率被往下拉。週期為 1 秒的擺錘長度大約是 25 公分，長度是影響擺錘週期長短的最大因素，因為擺錘越長，下墜的距離越遠，會延長擺錘來回擺盪的時間。

進階挑戰！

　　讓細繩保持同樣長度，換成改變黏土球的大小（也就是改變質量），看看結果會如何。黏土球的質量變化，對於週期會有什麼影響？

實驗 **03**

編出魔術方陣

- **難度**：簡單
- **全程所需時間**：30 分鐘
- **相關領域**：藝術、科技

設定假設：

　　魔術方陣是一種填滿連續數字的方形網格，如果把其中每一列、每一行還有每條對角線的數字分別相加起來，總和都會相同，這個總和稱為「魔術常數」。要如何做出魔術方陣呢？想想看數字 1 到 16 要怎麼排列才能變成魔術方陣，然後提出你的假設！

材料：

- ➋ 紙
- ➋ 剪刀
- ➋ 鉛筆或原子筆

步驟：

1. 用紙剪出兩張邊長 22 公分的正方形，分別從橫向和直向對摺兩次。紙上的摺痕會形成一個 4x4 的網格。

2. 在第一張 4x4 的網格中寫上 1 到 16 的連續數字，從左上角的格子開始橫著填寫，寫滿一列再繼續填下一列。

3. 在第二張 4x4 的網格中寫上 1 到 16 的連續數字，從右下角的格子開始橫著填寫，寫滿一列再繼續填上一列。

4. 在這兩張 4x4 的網格上面分別剪兩刀，產生三個長條形。
   請依照圖示中虛線的部分剪開，第一個長條的寬度是一格，第二個長條是兩格，最後一個長條則是一格。

5. 將三個長條交錯，編成圖中的樣子，就成為魔術方陣了！

1	2	3	4
5	6	7	8
9	10	11	12
13	14	15	16

+

16	15	14	13
12	11	10	9
8	7	6	5
4	3	2	1

=

1	15	14	4
12	6	7	9
8	10	11	5
13	3	2	16

觀察重點：

➔ 這個魔術方陣的魔術常數是多少？在這個 4x4 方陣裡面，你還可以找出哪些模式？除了把對角線、同一列和同一行的數字加起來之外，還有哪些格子加起來也會是這個神奇的總合？

科學原理解說

　　你做出來的魔術方陣，和知名的德國藝術家兼數學家阿爾布雷希特‧杜勒在 1514 年製作的魔術方陣一樣。在這個方陣中，每一列、每一行、每條對角線以及四個角的數字相加起來，都會等於 34。還有位於方陣中央、右上、左上、右下和左下的四格數字，加起來也都會是 34！

　　杜勒的魔術方陣和一種傳送祕密訊息的特殊方法有關，這種方法叫做「豬圈密碼」。豬圈密碼是將網格片段當成代表字母的符號，以前被用於祕密書寫的信件和記錄上，這樣別人就難以讀懂內容。

進階挑戰！

　　改用其他方式把長條編織在一起，你可以找出什麼模式？試試看用數字 1 到 9 組合出 3x3 的魔術方陣，每個數字只能使用一次，該怎麼排列呢？（提示：3x3 魔術方陣的魔術常數是 15。）

二十面體的病毒

- **難度**：困難
- **全程所需時間**：30 分鐘
- **相關領域**：科學、工程

設定假設：

　　多面體是以好幾個平面組成的立體幾何物體，例如金字塔和立方體。擁有 20 個平面的多面體，就稱為二十面體。

　　想想看，這 20 個正三角形該如何排列才能構成二十面體，然後提出你的假設。接下來，我們就要自己製作二十面體的病毒外殼，認識一下最常見的病毒結構！

材料：

- ⊃ 用來畫幾何圖形的圓規（可往前至第五章「設計全像投影」實驗，參考步驟 2 製作）
- ⊃ 厚紙板（可用厚卡紙），大小為 22 公分乘以 28 公分
- ⊃ 尺
- ⊃ 鉛筆
- ⊃ 剪刀
- ⊃ 透明膠帶
- ⊃ 填充材料（面紙、衛生紙或棉球等，份量要足以塞滿約小拳頭大小的成品）

步驟：

1. 製作一個正三角形的樣板，再用它來做出 20 個正三角形。

   正三角形是指三個邊都等長、三個內角都是 60 度的三角形。

   請先用尺畫出一段長約 38 公釐的直線，直線的兩端為 A 點及 B 點。再將圓規的寬度調整成和這條線一樣，然後將圓規的一端放在 A 點）上，另一端放在 B 點）上面。

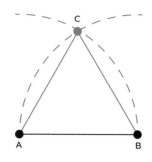

2. 讓圓規維持這個長度，從 A 點
   畫一條弧線。在 B 點重複一次這
   個動作，然後在兩條弧線的交點
   標出一個原點為 C 點。在各點之
   間，用尺連上直線。小心的將這
   個三角形剪下來，就可以當作樣
   板使用。

3. 把三角形樣板放在厚紙板上描
   20 次，然後剪下 20 個一模一樣
   的三角形。

4. 想辦法用膠帶把這些三角形組合
   在一起，讓它們的邊完全相接，
   把柔軟的填充材料包在裡面。

5. 這些柔軟的材料能幫你維持住
   二十面體的形狀，所以你可以一
   邊實驗各種組合方式，一邊視需
   要少量加入填充材料。

觀察重點：

➡ 把你最後組合出來的形狀記錄在
  科學筆記本中，描述一下它是什
  麼樣子。你做的二十面體共有幾
  個面、幾個邊和幾個角？

科學原理解説

　　病毒是一種在顯微鏡下
才看得到的寄生蟲，能夠感
染植物、動物、真菌和細
菌。病毒比細菌還要小，它
們只有在其他生物的活細胞
裡面才能進行複製。

　　病毒有各種形狀和大
小，最外面是一層蛋白質構
成的殼，稱為衣殼。病毒的
衣殼大多是螺旋體或二十面
體，不過也有一些病毒的衣
殼形狀更為複雜。二十面體
有 20 個三角形的面、30 個
邊，還有 12 個稱為頂點的
角。這種形狀可以讓病毒增
加表面與體積的比例，讓它
們能在衣殼內攜帶更多遺傳
物質。

進階挑戰！

　　把你的成品做成有 20 個面的
骰子。「公平骰子」是指每一面都
有相同機率落地的骰子，請設計一
個機率實驗，看看你做的 20 面骰
子能不能算是公平骰子。

電腦思維的 二進位計算挑戰

- **難度**：簡單到困難
- **全程所需時間**：30 分鐘
- **相關領域**：科技

設定假設：

　　記數系統中的基數，代表這套系統用到多少不同的符號來表示數目。十進位記數系統的基數是 10，它用十個符號來代表數字 0 到 9；二進位記數系統的基數則是 2，它只用到「0 和 1」兩種符號。

　　如果只用你的手，要怎麼用二進位記數系統表示數字呢？想想看用單手計算二進位的數值最多可以數到多少，然後提出你的假設。

　　接下來，就讓我們模仿電腦的思考方式，學習如何用單手數到十以上，二進位制就像 1、10、11 一樣簡單！（1、10 和 11 在二進位制當中分別代表 1、2 和 3。）

材料：

- ➜ 紙
- ➜ 鉛筆

步驟：

1. 攤開你的右手，掌心朝上。指定每隻手指所代表的數位，從右到左依序是 1、2、4、8 和 16。
   這和十進位系統當中的十位、百位、千位等等很類似，只不過換成了一位、二位、四位、八位和十六位。

2. 手指朝下縮起是代表「0」，朝上伸直則是代表「1」。
   舉例來說，如果要表示 1 這個值，只要將拇指朝上，就代表 1 的數位。同樣的，食指朝上代表的值是 2，中指朝上代表的值是 4，無名指朝上代表的值是 8，小指朝上代表的值則是 16。

3. 其他的數值，在二進位制當中都可以用這幾個數位的值相加來表示。比方說，要表示 3 這個值，就是用拇指朝上代表 1 的數位，同時將食指朝上代表 2 的數位（1 + 2 = 3）。

4. 用單手繼續數下去，看看你能數到多少？將下面的表格影印一份，並填寫空格。

   如果要增加十進位數字，只要在表格下面多加一列就可以多寫一個。當你的每隻手指都是朝上伸出的時候，就代表你已經數到用單手能夠表示的最大數值了。

 觀察重點：

➡ 你在這些數字序列中發現什麼樣的模式？比較以 10 為基數和以 2 為基數的兩種記數系統，可以看出什麼？只用單手的話，你最多可以數到多少？

十進位數字	右手					數值組成	二進位數字
	小指	無名指	中指	食指	拇指		
	16	8	4	2	1		
1	下	下	下	下	上	1	1
2	下	下	下	上	下	2	10
3	下	下	下	上	上	2+1	11
4	下	下	上	下	下	4	100
5	下	下	上	下	上	4+1	101
6	下	下	上	上	下	4+2	110
7	下	下	上	上	上	4+2+1	111
8						8	1000
9	下	上	下	下	上		1001
10	下	上	下	上	下	8+2	1010
11							
12							1000

在二進位制中，每個數位的值都是 2 的升冪次方（$2^0 = 1$；$2^1 = 2$；$2^2 = 4$；$2^3 = 8$；$2^4 = 16$），所以每個數位都是前一位的兩倍。你可以靠單手用二進位制從 0 數到 31，像這樣：00001、00010、00011、00100、00101、00110、00111、01000、01001、01010、01011、01100、01101、01110、01111、10000、10001、10010、10011、10100、10101、10110、10111、11000、11001、11010、11011、11100、11101、11110 和 11111。

電腦的運作方式就和這套記數方法很像。微晶片有好幾個電子開關，可以開啟（用「1」表示）或關閉（用「0」表示）。只要用 1 和 0，電腦微晶片就可以進行幾乎無限的運算！其他常用的記數系統包括以 8 為基數的八進位制，還有以 16 為基數的十六進位制。你還可以繼續研究更多關於記數系統的資料，包括為什麼有些人認為我們應該使用基數為 12 的十二進制，取代基數為 10 的十進位制。我們以 60 分鐘為一小時、24 小時為一天，還有用 360 度畫出一個圓，是來自歷史上哪些古老文明的記數系統？

進階挑戰！

繼續伸出左手，掌心朝上，從右到左指定左手手指代表的數位。二進位制接下來進位的數值是：32、64、128、256 和 512。你用雙手最多可以數到多少呢？

巨無霸四面體

- **難度**：簡單
- **全程所需時間**：45 分鐘
- **相關領域**：工程

設定假設：

四面體是用三角形組合而成的錐體。你能不能用四面體蓋出一個結構體？思考一下，若用 120 個 30 公分長的東西來蓋，會是什麼樣的尺寸和設計，然後提出你的假設。接下來，我們就要運用數學能力來挑戰這項工程設計！

> **!** 警告：小心竹籤的尖端。
> 此外，橡皮筋拉得太緊時可能
> 會斷裂，小心別被打到 0。

材料：

- 120 根竹籤（30 公分長）
- 200 條橡皮筋（尺寸 16 號，壓平長 5 公分）
- 尺

步驟：

1. 組成四面體：

   以三根竹籤組成一個平面的三角形，在每個竹籤交叉處上綁一個橡皮筋，讓三角形固定。用這個三角形當底面，在每個角再加一根竹籤，用橡皮筋綁緊，把新加入的三根竹籤的另一端集合在一起，調整成三角錐頂部的頂點，用橡皮筋綁好固定。完成！

2. 重複步驟 1，做出更多的四面體，直到數量符合你的設計所需為止。

3. 用橡皮筋將組合這些四面體，四面體底面的三個頂點都可以和其他四面體最上面的頂點相接。重複動作，直到把每個四面體都加進去為止。

觀察重點：

- 這個結構體的體積有多大？計算用到的三角形數量和竹籤數量，你有發現什麼模式嗎？

科學原理解說

四面體的應用領域之一是航空學。亞歷山大·格拉漢姆·貝爾因為率先取得電話的專利而聞名世界,但他在飛行方面也有不少貢獻。他運用四面體製作風箏,讓體積變得越來越大,但卻不會增加重量與表面積的比率。你可以查查四面體風箏的資料,自己做一個看看。

進階挑戰!

還有哪些方式可以用這些材料做出結構體?你能做出多高的東西?

實驗 07 發射吸管火箭

- **難度**：中等
- **全程所需時間**：45 分鐘
- **相關領域**：科學、工程

設定假設：

　　發射角對於拋體運動會有什麼影響？想想發射角會如何影響拋體行經的距離，然後提出你的假設。接下來，我們要來製作吸管火箭，從中認識什麼是拋體運動。

> **！** 警告：橡皮筋可能會意外斷裂。不可以用橡皮筋或火箭瞄準其他人、動物或易碎物體。

材料：

- ➲ 寬版橡皮筋，寬度約 5 公釐
- ➲ 透明膠帶
- ➲ 18 到 22 公分的直式塑膠吸管
- ➲ 黏土
- ➲ 竹籤
- ➲ 量角器
- ➲ 尺
- ➲ 計算機

步驟：

1. 在吸管頂端放一條橡皮筋，然後在周圍貼上膠帶，將吸管和橡皮筋固定好。

2. 定位吸管火箭：
   請將黏土揉成直徑 5 到 8 公分的圓球，將竹籤的尖端插進黏土球裡，竹籤與地板呈 30 度角。

3. 發射火箭：
   將吸管放在竹籤的平頭端，一隻手握住竹籤插入黏土球的地方，另一手將吸管往後拉，拉到距離 2.5 至 5 公分再放開。
   嘗試這樣發射幾次，看看吸管要拉多遠才會有最好的效果。將最好距離記錄下來，之後發射吸管時，都要往後拉到同樣的距離。

4. 試射三次，測量吸管火箭從發射
   點到撞擊點的飛行距離，並記錄
   下來。記得要測量的是吸管最先
   撞擊到地面的地方，不是撞擊之
   後滑行的距離。

   （▲找一個人陪你做實驗，請對
   方幫你看著拋體，並馬上標記落
   地的位置，這樣你就可以用確切
   的撞擊點來測量距離。）

5. 將發射角度改為 45 度和 60 度，
   重複步驟 2 到步驟 4。

🔍 觀察重點：

➡ 把三次發射的飛行距離加總後除
   以三，計算出每個發射角度的平
   均飛行距離。哪個發射角度的飛
   行距離最遠？

科學原理解說

　　拋體是在空氣中推進移
動的物體，拋體行進的距離
稱為射程。拋體在行進時，
必須抵抗垂直方向的重力，
以及水平方向的空氣摩擦力
（阻力）。垂直發射的拋體
會呈 90 度角運動，水平發
射的拋體則會呈 0 度角運
動。正如你觀察發現的，當
拋體從剛好在這兩者之間的
角度（45 度角）發射時，
就能完美平衡水平和垂直方
向的受力。

進階挑戰！

　　你可以用膠帶幫吸管火箭加上
尾翼。什麼樣形狀、大小和排列方
式的尾翼，才能讓火箭在發射後飛
得最遠？

STEAM 的整合應用

給讀者的小叮嚀

哇，你已經讀到本書的結尾了！不過，你的科學之旅並非到此結束，這只是你在學習探索的路上經過的一站。在這個過程中，你完成了許多整合科學、科技、工程、藝術和數學的 STEAM 實驗，現在對這些學科應該都有更深入的認識和理解，也看到這些概念在搭配運用時發揮出來的加乘作用。

舉例來說，在第五章的「製作先進的繪圖機器」實驗（科技）當中，我們製作出先進的繪圖機器，可以畫出好看又複雜的圖畫（藝術），而且是在經過計算（數學）產生的單擺運動（科學）之下產生的作品。聰明如你，在日常生活和學校裡一定能注意到更多這些學科的應用實例。

你已經培養出真正的科學家所具備的技能，也就是「科學方法」的流程，以後就可以用來自己發掘新知、創造發明。

在跟著本書做實驗的過程中，你最有趣的發現是什麼？哪些時候讓你覺得最有挑戰性？為什麼呢？你的 STEAM 學習之旅下一站又會是什麼？

STEAM 需要用到批判性思考（Critical Thinking）、溝通能力（Communication）、創造力（Creativity）以及協力合作（Collaboration），合稱為「4C」。這四種能力對於任何職業來說都很重要，所以無論你懷抱的興趣和動機讓你往什麼方向發展，STEAM 能力都可以幫助你成功達成

目標。

記得保持對事物的好奇心、繼續使用你的科學筆記本，並持續提出問題，找出改善事物的方法。你已經有了很不錯的表現，繼續加油吧！

✎ 在本書中，覺得最好玩的實驗是哪一個？為什麼？

✎ 覺得自己在 STEAM 的五大領域中，最擅長與最不擅長的是什麼？有在實驗過程中，改變自己的想法嗎？

✎ 有沒有因為實驗內容或結果，自發性的去查詢相關知識？有的話，請寫下實驗名稱與你所查到或想查的知識；沒有的話，請寫出你最有興趣科學原理。

✎ 請試著設計一個自己的實驗，可以找大人和朋友一起幫忙構思，並盡可能的寫下實驗方式或主題。

✎ 給完成所有實驗的自己，留下一段話吧！

詞彙表

第二章

- **變因**：實驗當中可以改變的因素。

- **化學受器**：一種特殊的細胞，在偵測到特定化學物質時會在動物體內發送訊息。

- **費洛蒙**：一種由動物製造並釋放到環境中的化學物質，會影響其他同類的行為。

- **靜電力**：物體因帶有電荷而受到吸引或排斥產生的力；帶有異性電荷的物體會互相吸引，同性電荷則會相互排斥。

- **電荷**：一種物理性質，可使該物質置於電磁場中會受到力的作用。帶有電荷的物質稱為「帶電物質」，帶有電荷的粒子稱為「帶電粒子」。

- **色光三原色**：「紅」、「綠」、「藍」三種色光。由於無法被分解，也不能由其他色光混合出來，而被稱為光的三原色。

- **色料三原色**：「青」、「洋紅」、「黃」三種色彩。青色混合洋紅色會得到藍色；洋紅色混合黃色會得到紅色；黃色混合青色會得到綠色，而色料三原色混合會形成近似黑色。

- **混沌理論**：對不規則且無法預測的現象及其過程的分析。主要思想是，宇宙處於混沌狀態，在其中似乎無關聯的事件裡的衝突，會造成另一部

分不可預測的後果。常用於探討人口變遷、氣象變化、社會行為、金融變化等，必須使用整體、連續且以單一數據分析的動態系統。

（這門學說是在探討會受到非常微小的差異影響、導致完全不同後果的敏感系統。）

- **蝴蝶效應**：混沌理論的一種性質，指初始條件的微小變化會導致規模較大、難以預料的結果。

- **動力學**：物理科學的一個分支，研究物體的運動以及物理性因素（例如力、質量、動量和能量）的影響。

- **風速儀**：一種用於測量風速的氣象站常見儀器。

- **海馬迴**：人類有兩個海馬迴，位於大腦的皮質下方，主要影響短、長期記憶和空間導航能力。

- **空間導航**：運用多種環境線索（例如地標或氣味痕跡）來找出正確路徑並抵達目的地的過程。

- **互補色立體像片**：用互補色印製的立體像片圖。由一張正射投影像片，和一張含有人為左右視差之立體配對像片，分別用兩種互為補色的顏色，套印在同一張紙上，製成的像片圖。看圖者戴上相同互補色的眼鏡，每眼可分別看到其中一張像片，從而融合產生有立體感的像片圖。圖案有兩種顏色版本（通常是紅色和藍色）的圖片，透過一紅一藍的鏡片觀看時，看起來就像 3D 立體影像。

- **視差**：從兩個不同的視線看到的物體位置差異。

- **重心**：物理學上指一物體所受重力之合力的作用點。

- **質心**：物體質量中心點，若對該點施力，系統會沿著力的方向運動、不

會旋轉。質心不一定要在有重力場（地心引力）的系統中才會有意義，而重心則否。

- **質量**：物體內所有的物質總合。質量是固定的，不因高度或緯度而改變。
- **熱塑性塑膠**：一種加熱時會變軟、冷卻時會變硬的塑膠。反之，在高溫下也還是維持硬化的塑膠則稱為「熱固性塑膠」。
- **聚合物**：由眾多的小分子化合物組成，並根據分子來源分為「天然聚合物」與「合成聚合物」。
- **轉動慣量**：又稱慣性矩。是一個物體對於其旋轉運動的慣性大小的量度。
- **位能**：物體的位置改變所產生或是需要的能量，例如球距離地面的高度或橡皮筋拉長的距離。
- **動能**：物體在運動中具有的能量。
- **向心力**：物體沿圓周曲線運動時，指向環狀路徑中心的一種力量。
- **慣性**：抗拒速度（速率）改變的阻力。
- **切線**：與一個圓只有一個交點，且垂直於圓心至交點的半徑，此直線為該圓的切線。

【第三章】

- **原生生物**：是較為原始的真核生物的總稱，不屬於植物、動物和真菌，個體微小，單細胞或簡單多細胞
- **聲學工程**：聲音在科技上的應用方式。
- **赫茲**：用來測量特定事件發生頻率的單位；以聲音來說，1 赫茲的頻率代表聲波每秒鐘振動一次。

- **反射定律**：光在射入某一個介面時，射入的光線與反射出來的光線與法線爲相同的角度。
- **燈芯系統**：營養液被儲存在儲水器中，利用中間的棉芯作爲橋樑，將營養液送入植物的根部。
- **螢光**：物質吸收紫外線或是 X 射線能量，通常會以可見光的形式重新發出所產生的亮光。
- **心跳速率**：心臟一分鐘內的跳動次數。
- **法拉第籠**：一個阻隔電磁輻射的金屬盒，會隔絕手機或無線電的訊號。

〔第四章〕

- **生物膠**：以糖或澱粉等材料製成的黏著劑。
- **仿生**：從自然界汲取靈感，創造出能解決人類問題的發明。
- **作用力與反作用力**：牛頓第三運動定律，一物體受外力作用時，必產生一反作用力，作用力與反作用力大小相等，方向相反，但不能抵消。
- **對流**：液體或氣體中溫度高的物質上升、溫度低的物質下降，因此產生流體運動。

〔第五章〕

- **簡諧運動**：因恢復力所產生的週期性的振動現象，例如擺錘受重力作用而持續擺動。
- **摩擦力**：與物體運動牴觸的力。
- **葉綠素**：存在於植物中的一種綠色色素，可以從陽光獲得能量，幫助植

物進行光合作用。

- **地質：**指地球的物理結構和構成物質。
- **全像投影：**利用光線和鏡面製造的立體影像。

【第六章】

- **黃金比例：**在某些圖形中發現的特殊比例，例如正五邊形的尺寸；黃金比例常運用在藝術品和建築上，能創造出和諧的比例。
- **週期：**從開始的點至結束，完成一次往返運動所需要的時間。

參考資料

- **"14 Grand Challenges for Engineering in the 21st Century."**（21 世紀的 **14 大工程挑戰**），美國國家工程學院；存取日期 2019 年 9 月 3 日，網 址：http://www.engineeringchallenges.org/challenges.aspx

- **"Chladni Plates."**（克拉德尼板），美國史密森尼國家歷史博物館。存 取日期 2019 年 9 月 3 日，網址：https://americanhistory.si.edu/science/chladni.htm

- **Fellman, Megan**（費爾曼，梅根），"Synthetic Adhesive Mimics Sticking Powers of Gecko and Mussel."（模仿壁虎和貝類黏附力的合成黏著劑）； 美 國 西 北 大 學，2007 年 7 月 18 日，https://www.northwestern.edu/newscenter/stories/2007/07/messersmith.html

- **Roguin, Ariel.**（羅金，艾莉兒），"Rene Theophile Hyacinthe Laennec (1781–1826): The Man Behind the Stethoscope."（荷內·希歐斐列·海 辛特·雷奈克〔1781–1826〕：聽診器的幕後功臣）；Clinical Medicine and Research（《臨床醫學與研究》），2006 年 9 月，https://www.ncbi.nlm.nih.gov/pmc/articles/PMC1570491/

- **"What Is Biomimicry?"**（什麼是仿生學？），美國國會圖書館，2017 年 7 月 31 日，https://www.loc.gov/rr/scitech/mysteries/biomimicry.html

進階研究資源

- **Mrs. Harris Teaches Science**：這個網站提供許多關於本書 STEAM 實驗的補充資訊，還有其他由本書作者設計的 STEAM 實驗。

  MrsHarrisTeaches.com

- **Technovation**：這是個很棒的線上工程社群，可以讓孩子自己動手創作，並在上面分享自己的作品、獲得意見回饋。

  CuriosityMachine.org

- **Exploratorium 的「科學小點心」**：可以用平價且隨手可得的材料自己動手做的科學活動。

  Exploratorium.edu/snacks

- **Instructables**：這個網站上有 100 個 STEAM 活動，適合師生或全家一起進行。

  Instructables.com/id/100-STEAM-Projects-for-Educators/

- **美國國家航空暨太空總署（NASA）**：這個網頁提供許多適合學齡前兒童到國小學童的相關文章、活動和資源。

  Nasa.gov/stem/forstudents

- **PHET**：免費提供關於科學和數學的互動式模擬工具。

  Phet.colorado.edu

- **Science Bob**：提供互動式科學實驗的操作說明和影片。

  ScienceBob.com

- **Science Journal**：一款免費的應用程式，提供 Android 和 iPhone 版本，可以用手機內建的感測器測量光線、聲音、加速度、氣壓等數據。

  ScienceJournal.withgoogle.com

- **Scientific American**：提供簡單有趣的科學小實驗，適合全家人一起嘗試，可以在 30 分鐘以內完成。

  ScientificAmerican.com/education/bring-science-home

- **SciStarter**：幫你找出符合興趣的公民科學活動，可以親身參與科學並為科學家收集數據。

  SciStarter.org

鳴謝

如果沒有來自很多人的幫助和靈感，就不會有這本書的誕生。

首先，我要大力感謝我的摯友兼老公亞當，謝謝你充滿熱忱的與我一起進行這本書裡面的實驗；謝謝你帶著工程師特有的敏感讀完我粗略的草稿；謝謝你帶女兒出門探險，讓我可以待在家裡寫書。最重要的是，謝謝你在我做任何事情時都不遺餘力的支持我。

感謝我的全家人。謝謝媽媽總讓我看書熬夜到很晚，還允許我們這些小孩在廚房亂調東西，製造出源源不絕的混合物。謝謝奶奶在我念書時常帶我去圖書館還有午餐約會。謝謝爸爸，他是充滿熱情的環保尖兵，無論我們去哪，他都會把當地的所有垃圾撿起來；以前我總覺得很不好意思，但現在我了解到這種保護地球的行動對每個人都很重要，下一本書會是「我們的」作品。謝謝我的兄弟姊妹：麥特、柯莉、德瑞克和莎拉，感謝你們不斷給我靈感，讓我變得更好。當然，我還要謝謝我女兒艾達，感謝你讓我每天都能學到新的事物。我愛你們大家。

謝謝我人生中遇到的所有老師，包括五年級導師索希達老師，感謝您鼓勵我走出自己的路。特別感謝我有幸共事的全體教職和行政同仁，尤其是蘇珊，當然還有我們 B 棟大家族的成員：蜜雪兒、鮑比、克莉絲托、凱文、凱若、梅蘭妮、安珀、朵芙、洛莉、馬蒂和珊蒂。感謝我所有的學

生，謝謝你們激勵我盡力成為更好的老師。

感謝我的編輯珍妮‧勒‧奈和黛博‧豪索，還有卡利斯托的所有同仁，謝謝你們幫忙讓這本書盡善盡美。特別感謝喬‧丘和蘇珊‧蘭道爾，是你們讓我寫書的夢想成真。

最後，謝謝你成為這本書的讀者，與我們分享對 STEAM 的熱愛。希望這本書能成為你的挑戰目標，並激勵你學習更多新知！

作者

潔絲・哈里斯

　　在公立學校任教十年，前面五年在小學五年級指導全科目，後面五年則在中學當科學老師，教授地球與環境科學、物理、物理科學和進階先修生物學。擁有美國東卡羅萊納大學的科學教育碩士學位，並且是獲得美國國家委員會認證的青少年科學教師。潔絲與先生、女兒及兩隻貓住在美國北卡羅萊納州，常透過個人網站 MrsHarrisTeaches.com 分享科學資訊。

譯者

穆允宜

　　譯字爲生的文字手工業者，每日編織譯文，餵養書稿。

　　曾任軟體中文化譯審，目前專職翻譯書籍和雜誌。育有一子二貓，希望以譯筆爲孩子開拓眼界，發掘文字的美好與知識的力量。

　　賜教信箱：ankhmeow@gmail.com

童心園 283

小學生STEAM科學實驗家：
5大領域 X 40種遊戲實驗，玩出科學腦
Real Science Experiments: 40 Exciting STEAM Activities for Kids

作　　者	潔絲·哈里斯（Jess Harris）
攝　　影	佩姬·格林（Paige Green）
譯　　者	穆允宜
審 定 者	范哲瑋
責任編輯	鄒人郁
文字編輯	施縈亞
封面設計	黃淑雅
內頁排版	連紫吟·曹任華

出版發行	采實文化事業股份有限公司
童書行銷	張惠屏·侯宜廷·陳俐璇
業務發行	張世明·林踏欣·林坤蓉·王貞玉
國際版權	鄒欣穎·施維真
印務採購	曾玉霞·謝素琴
會計行政	李韶婉·許俔瑀·張婕莛
法律顧問	第一國際法律事務所　余淑杏律師
電子信箱	acme@acmebook.com.tw
采實官網	http://www.acmestore.com.tw
采實文化粉絲團	http://www.facebook.com/acmebook
采實童書FB	https://www.facebook.com/acmestory/

I S B N	978-626-349-010-9
定　　價	350 元
初版一刷	2022 年 11 月
劃撥帳號	50148859
劃撥戶名	采實文化事業股份有限公司
	104台北市中山區南京東路二段95號9樓
	電話：(02)2511-9798　傳真：(02)2571-3298

國家圖書館出版品預行編目資料

小學生STEAM科學實驗家：5大領域X40種遊戲實驗,玩出
科學腦 / 潔絲.哈里斯(Jess Harris)作；穆允宜譯. -- 初版. --
臺北市：采實文化事業股份有限公司, 2022.11
　面；　公分. --(童心園系列；283)
譯自：Real science experiments : 40 exciting steam
activities for kids
ISBN 978-626-349-010-9(平裝)
1.CST: 科學實驗 2.CST: 通俗作品

303.4　　　　　　　　　　　　　　　111014870

線上讀者回函

立即掃描 QR Code 或輸入下方網址，
連結采實文化線上讀者回函，未來會
不定期寄送書訊、活動消息，並有機
會免費參加抽獎活動。

https://bit.ly/37oKZEa

版權所有，未經同意不得
重製、轉載、翻印